U0111899

大展好書 好書大展

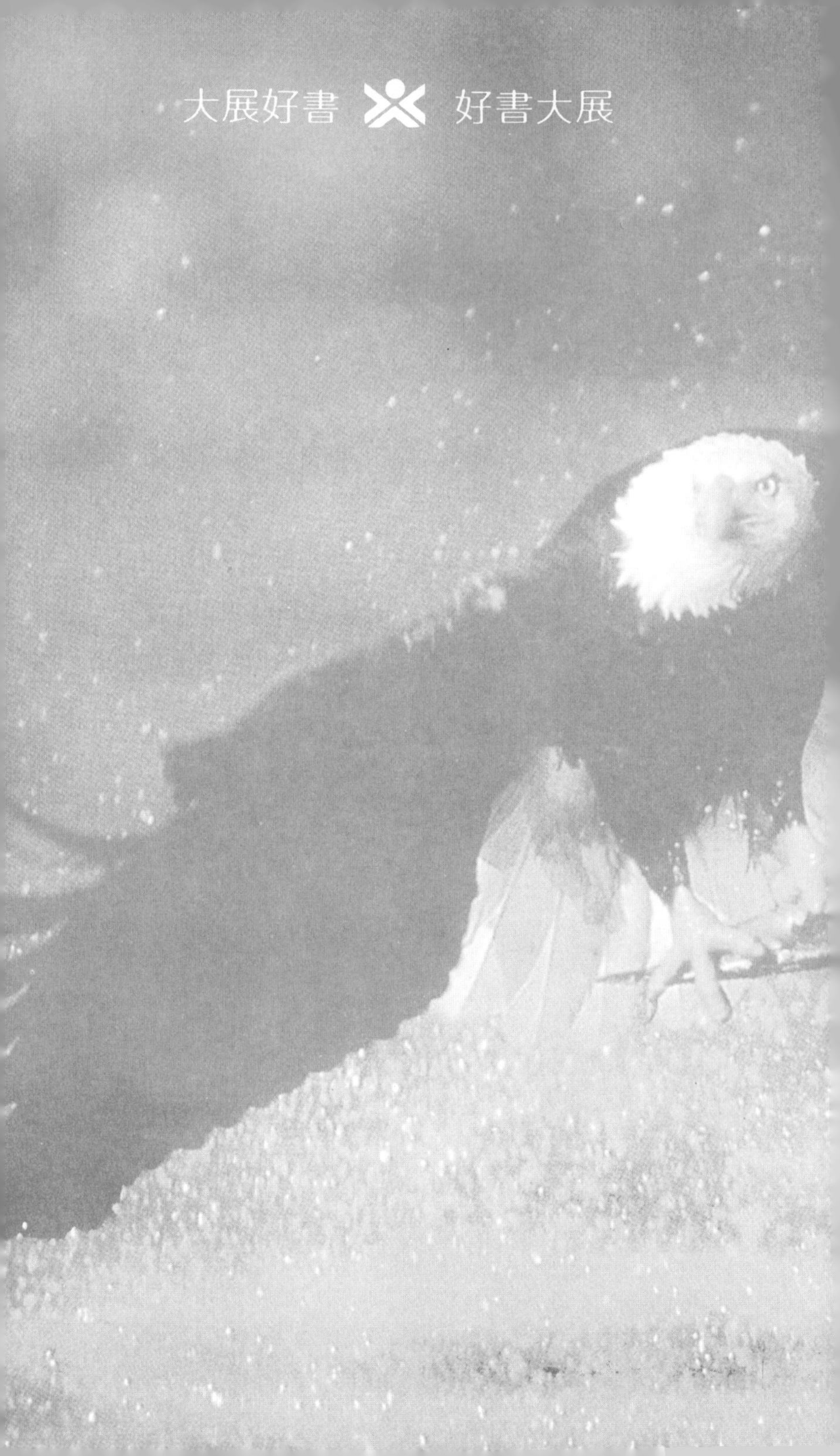
大展好書 好書大展

婦幼天地

24

最新女性醫學

認識妳的身體

杉山四郎／著

李玉瓊／譯

大展出版社有限公司

DAH-JAAN PUBLISHING CO., LTD.

作者的話

本書是筆者根據四十五年來為衆多女性治病診療的經驗，去繁摘要歸納成任何人都渴望得知的項目，針對各個單純的疑問以作答的方式整理而成。在女性醫學情報混亂而難以掌握正確知識與智慧的現在，筆者深信本書將有助於各位解開心理的迷惘。

本書所介紹的最新醫學情報全要歸功本院副院長北島米夫博士的貢獻。

杉山四郎

目錄

1

SEX的疑問

檢證道聽塗說的常識

1 性交不順是否身體不正常?

首次性行爲中有些人一再努力也無法履行。這種現象往往是過於緊張、焦慮或强行插入所造成。而前戲不足時也會發生。不妨用嬰兒油或潤膚液使接觸部份滑潤。

但是，如果原因非如上述問題，也許出在女性的性器。第一個原因是處女膜强韌。有些人其膣入口的處女膜天生非常厚而堅硬。不過，只要在婦產科動點手術割開即可治療。而尚未治療前必須避免强行插入。因爲，即使勉强插入也會造成多量出血。

其次的原因是所謂的鎖陰，鎖陰是指膣口閉鎖的情況，鎖陰當然無法性交。鎖陰又可分爲處女膜封閉膣口以及沒有膣部或膣的一部份閉鎖等二種情況。

不論那一種情況其特徵是成年後也不來經。只憑有無月經即可瞭解自己是否鎖陰。否則可將閉鎖的部份切開或利用製造人工膣部的手術來治療。

2 不感症無法治療嗎?

性交而無法感受高潮，一般稱爲不感症，然而不感症有極大的個人差異，到底是真正的不感症或尚未獲得高潮，抑或純屬自我認定是不感症的認知差異?其中的真僞不易瞭解。

不過，原因倒相當明確，幾乎都來自心理上的因素。譬如，不願讓人瞧見自慚形穢的軀體或思春期所受的性教育過於嚴格，造成羞恥或對性的不潔感、罪惡感等阻礙了性的高潮。

同時，問題也可能出在性交場所的周遭環境。譬如，和父母或兄弟姊妹住在一起的人，因顧忌家人的存在而無法專心投入性交，或在意鄰室的他人，只能偷偷摸摸進行性交，如此也有可能造成不感症。另外一個原因可能是對懷孕的恐懼。

不論那一種情況，若要治療必須接受心理療法。而最好能夠和性交伴侶一起治療，較能獲得好結果。

3 性交會造成子宮癌？

筆者曾因有人認爲和包莖的男子性交會得子宮癌而大吃一驚。這完全是一派胡言。絶不可能有這種事。

相反地，包莖才是令男性不安的因素。因爲，包莖的人如果不保持龜頭和包皮間的潔淨很容易染患陰莖癌。除了生活太懶散的人之外，鮮少人會任由這個部份藏污納垢，然而身爲女性仍應注意此點。

包莖可分兩種。其一是只有勃起時龜頭露出的假性包莖；其二則是勃起時龜頭也不露出的真性包莖。而不論那一種情況都不必擔心，只需留意保持龜頭和包皮之間的乾淨，不要蓄留污垢。而問題乃在於男性的自卑感，包莖並非無生殖能力，然而卻有許多人引以爲意。事實上多數的男性都是假性包莖，並沒有必須動手術的必要。

如果對包莖頗爲在意，或真性包莖的人，建議您到泌尿科找醫師商量吧。

4 鬆弛的膣可治療?

曾經有人憂心忡忡地告訴筆者，想利用手術治療鬆弛的膣口，原因是受性交伴侶嫌棄而大受打擊。

雖然可以利用簡單的手術縮小膣的寬幅，然而生育兒女時又會鬆弛開來。同時，極端縮窄後可能造成生育時的意外障礙。雖然是不明顯的傷口，必會在會陰處留下一些傷痕，並不值得向未婚者或未孕的婦人遊説。而且，膣口的寬窄和男性的性器尺寸也有關係，其實不必縮窄膣口，利用鍛鍊膣部外圍的肌肉也許可以消除鬆弛之感。强化膣外部的肌肉即可提升刺激男性性器的力量。

方法很簡單。首先試著排尿的途中禁止排尿，而掌握那個感覺，平時則在排尿以外，於膣口附近做緊縮的練習。也許以縮緊肛門的要領來練習較容易懂得竅門。每天三回試著練習連續緊縮十次的動作。把全副精神集中在膣部作練習時，膣口外圍肌肉的收縮力必漸漸地增强。

5 在浴缸內性交會生病？

有些女性對於在浴缸內性交感到不安，覺得恐怖又擔心黴菌進入膣內。這種性交方式其實也無所謂，不過，洗澡水不乾淨是有可能造成膣炎。因爲，洗澡水會跑進膣內。若是經產婦即使不在浴缸內性交，洗澡水跑進膣內也是稀鬆平常的事。但是，幾乎可以斷言絕對不會流進子宮。

因此，問題乃在於洗澡水是否乾淨。

而你在性交對方的手、身體是否潔淨也是重要的問題。流汗或碰觸各種物品的手，身體上殘留著許多雜菌。如果不洗淨而碰觸膣或性器，性交自然會染患膣炎。如果細菌從尿道進入膀胱，會造成膀胱炎。所以，請務必潔淨身體之後再性交。

而性交之後希望也能將身體洗淨。

6 性交時會遺尿？

「性交後會遺尿或流出液體沾污床單」「性交途中常想上廁所，難道是疾病……」經常聽婦女朋友有這些疑慮。

性交後流出水樣的液體也許是性交時巴爾特淋腺的分泌液。有些人排出的量比一般人多，然而這並非疾病。

而性交時想上廁所乃是因爲子宮上部有膀胱的緣故。性交時膀胱和子宮一樣受到刺激。如果不放心不妨在性交前上廁所。

其實這些一點都不必擔心。

性交時想上廁所並不必擔心

7 性交途中發出奇怪的聲音是身體不正常？

「性交途中發出奇怪的聲音，他説是因爲我膣太鬆弛才會發生聲音。」也有人向我傾吐這樣的煩惱。

其實性交途中發出聲音並非因膣部鬆弛，而是因男性陰莖的抽動使得膣內的分泌液發出聲音或空氣跑入所造成。

如果是彷彿放屁的ㄅㄨ·ㄅㄨ聲，可能是性交時空氣跑入膣內，而因男性的陰莖抽動使得空氣壓擠到膣外的聲音。經產婦常見這種現象，原因似乎是男性陰莖和膣大小的比率問題。此外若發出ㄆㄟㄊㄚ·ㄆㄟㄊㄚ的聲音，乃是男性的睪丸在抽動時拍打到女性外陰部所發出的聲音。

如果非常在意這類聲音，不妨試著做强化膣部外圍肌肉收縮的練習……。以縮緊肛門的要領縮緊膣口周邊的肌肉，同時做放鬆的練習。每天持續練習容易緊縮膣口，如此一來必可産生變化吧。

8 荷爾蒙療法可能會有副作用?

身體內所分泌的各種荷爾蒙進入血液循環全身，對身體的發育、代謝或生殖機能產生極大的影響。它彷彿是促進身體平衡運作的潤滑油，過多或過少都會造成異常。

因某種原因使得荷爾蒙失去均衡、不再排卵的人，可以藉由荷爾蒙劑的治劑再次產生排卵。這時有許多人擔心其副作用，對於這些人筆者在此特別作一番聲明。一般醫師會配合患者的身體狀態開荷爾蒙劑。如果服用比指定的藥劑更多的量或與體質不合時，多少會有副作用。但是，如果依照指示適量地服用，即使萬一出現副作用，一旦自然來經而停止服用，副作用也會自然地消失。

也有人詢問其他的治療法或使用漢藥適否?其實荷爾蒙療法的效果最好。不要因爲外行人的判斷而感到不安，暫且依照醫師的指示試著服用三個月。一定會產生效果。

9 初潮太晚是否會有不良影響？

似乎有人非常在意初潮的年齡。有人問：「嚴重的生理痛是否是因初潮太晚？」「初潮太早是否盡早進入更年期？」等等。

初潮的時期和進入更年期的時期也許多少有些關係。不過，正確的說法並非初潮太晚而是荷爾蒙未成熟的時期持續太長，換言之，月經不順的傾向較强的人，極有可能更年期較早來臨。

同時，似乎和有無生育或身材胖瘦也有關係，未曾生育兒女又肥胖的人，更年期來得較早。但是，並不必那麼在意更年期的時間。並非所有人都有强烈的更年期障礙。有些人並無所覺，多數人只覺得月經不順的情況較多而已。荷爾蒙失調時身體也會產生不適，不過，只要身體習慣新的荷爾蒙均衡症狀自然消失。而更年期是在四十～五十年代之間，其中約有十歲以上的差距。

10 生理中可以捐血嗎？

有許多女性常因低血壓、貧血而煩惱。因此，對於血液排出的月經期中的行動即使並無太大問題，也略帶神經質。筆者曾經聽到這樣的疑問：

「生理中可以捐血嗎？上個月碰巧路過捐血車的門前覺得有點猶豫，後來擔心如果因捐血而貧血則划不來，於是作罷……」

月經期中所排出的血液量約一〇〇c.c.。雖然僅只微量，卻會因而使血液成份稍微變薄。在身體狀況不佳時，無法斷言捐血不會造成腦貧血，因而平常即有貧血跡象的人也許最好避免月經期間的捐血。

不過，捐血之前必定會做血液檢查。如果檢查後並無任何問題則無妨。爲慎重起見，不妨在醫生問診時告之正值月經期。捐血所花的時間並不多。同時又能得知血液檢查的結果。各位讀者不妨利用這個機會去捐血。

11 首次性交後的出血無法立即停止？

首次性交之後不免會產生不安。

「前幾天首次發生性行為，而三天之後仍然出血。雖然血量不多卻擔心不已。首次性交的情況是否都是這樣？任由它去有沒有問題？」

膣入口處在稱為處女膜的部份有一個約指頭寬的洞。第一次男性的陰莖插入後，洞孔會擴張而使處女膜受傷出血。但是，第一次經驗並不見得都會出血。有些人天生處女膜柔軟而不出血，而有些人因劇烈運動使得處女膜破裂。因此，這種事並不必太在意，只不過如果持續出血最好到婦產科做一番檢查。

出血的原因可能是第一次性交造成會陰或處女膜受傷，此外也可能是子宮膣部糜爛或瘜肉、早來的月經等。有時最好做子宮癌檢查較為妥當。在出血時應避免性交。因為，可能因此使傷口化膿造成惡化。

12 性器太乾淨不行嗎？

清洗膣的外圍及外陰部使其保持乾淨非常重要。因爲，女性常有分泌物使得外陰部潮濕而變得不潔，利用廁所的洗淨器清洗可以使外陰部潔淨，是件非常好的事。

但是，把膣內洗得太乾淨倒值得商榷。有些人每次上廁所就用局部洗淨器清洗膣內，如果只是爲了保持清潔，並不值得如此勤快清洗。

因爲，膣內存在著具有使膣肉產生自淨作用的迪特爾藍桿菌。迪特爾藍桿菌使膣內經常保持酸性，殺害大腸菌或因性交從外侵入的細菌。所以，膣內可因這種菌而常保清潔。

那麼，如果亂用局部洗淨器會有何結果呢？可想而知會把迪特爾藍桿菌一併清洗掉。彷彿是引狼入室，讓大腸菌等侵害膣內造成發炎。最好避免不周全的膣內清洗，如果分泌物非常嚴重又有味道或搔癢感時，則應找專科醫院商量。

13 避孕藥有副作用嗎？

有關避孕藥也有許多的疑問，在此做幾點說明。

所謂避孕藥是在月經完後，服用黃體荷爾蒙卵胞荷爾蒙的混合物以抑止排卵。服用二十一日後停止服用，等來潮再從來潮日後的五～七日開始服用，持續約二十一日。如此每月反覆。

但是，服用避孕藥期間每月發生的月經乃是因所服用的荷爾蒙消失的緣故，持續服用數年恐怕會降低卵巢的機能而造成不孕症的可能。這可以說是避孕藥最令人恐懼的副作用。

如果服用四～五個月又停止一～二個月，以自己的體力亦即卵巢的機能產生月經則無妨。

此外，在開始服用的二～三個月可能有噁心或發胖的現象，然而不久即可習慣。

似乎有些人擔心服避孕藥會致癌，這些疑慮都是多餘的。倒是因服避孕藥以為可以安然無恙，結果怠慢ＡＩＤＳ對策才叫人擔心。

另外，有些帶有貧血傾向的人也擔心使用避孕藥，其實貧血也不造成問題。女性貧血多半是飲食生活失調及月經期出血所造成。所以，服用避孕藥並不會產生影響。因爲，甚至有人服用避孕藥以治療因子宮肌腫造成的貧血。

不過，有時可能是因慢性肝炎造成貧血。這時就不能使用避孕藥。改用保險套或避孕環。服用避孕藥時必先接受醫師的檢查。

服用朋友的避孕藥也無妨嗎？

筆者曾經聽到有人問起是否可以使用她人的避孕藥。這個人是因爲朋友不再服用避孕藥而打算把其剩餘的避孕藥和自己的避孕藥配合服用，不過擔心是否會產生問題，若有問題應該注意那些事項等等。

我認爲這應該無所謂，但是，避孕藥也有許多種類，配合著使用並不值得推薦……。

避孕藥大致可區分爲混合型、依序投服型兩種，各種類型所使用的荷爾蒙多少有些不同，而所含的荷爾蒙量也多半不相同。

所謂混合型是卵胞荷爾蒙劑和黃體荷爾蒙劑混合製成的藥劑，而依序投服型避孕藥則分爲，只含卵胞荷爾蒙劑的避孕藥，和含有卵胞荷爾蒙劑及黃體荷爾蒙劑的避孕藥，兩者分別服

讓醫生指定適合自己的避孕藥

用。

如果所含的荷爾蒙不同，一般的處方會配合使用者所能攝取的荷爾蒙量來開，因此，如果朋友的避孕藥與自己的體質不符，可能因其間的差異而造成出血。

避孕藥的價格一個月份量二〇〇〇日元～三〇〇〇日元而已，不是數萬元的昂貴藥品，我認爲還是重新請求醫師配方來的妥當。最妥當的方法最好是避免自己擅自判斷或自以爲是的使用方式。

避孕藥的服用法

	月經																	
日	1	2	3	4	5	6	7	8	9	10	11	12	13	14	15	16	17	18
服用期					①	②	③	④	⑤	⑥	⑦	⑧	⑨	⑩	⑪	⑫	⑬	⑭

（從月經的第5日開始服用）

											月經							
日	19	20	21	22	23	24	25	26	27	28	1	2	3	4	5	6	7	8
服用期	⑮	⑯	⑰	⑱	⑲	⑳	㉑								①	②	③	④

➡ 連續服用21日

休息一星期

服用避孕藥是人爲地製造類似懷孕的狀態而不排卵。因此，也有可能出現類似害喜的症狀，然而只要經過一個月即可習慣。但是，有些人並不適合服用避孕藥，因而不可擅自服用。最好讓醫師檢查你的身體狀況讓其開適合妳避孕藥的處方。

避孕藥從月經的第五日開始連續服用21日，停止後的二、三天會出現月經。

根據基礎體溫找出安全日的方法

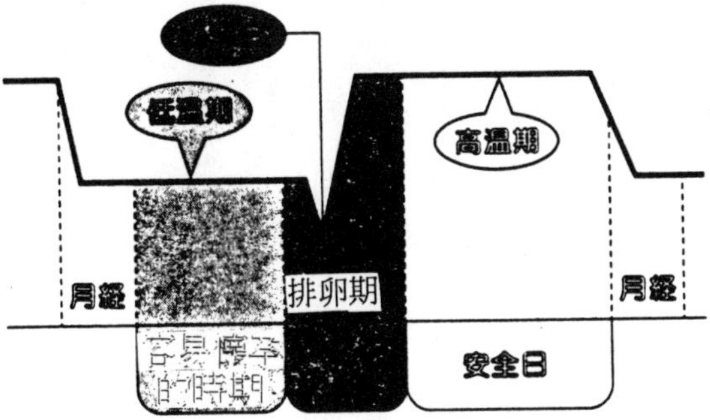

只要記得排卵是在月經和月經的中間日即可。如果做基礎體溫即可一目瞭然。而排卵日分泌物的特徵是透明又具黏稠感。以排卵日爲中心的前後四天左右懷孕的可能性極高。這段期間必須確實地避孕。

14 月經痛是否是疾病？

「最近二～三年月經疼痛越來越嚴重……。」「以前並不感到疼痛，隨著年齡的增長月經痛日漸嚴重……。」

這是所謂月經困難症，乃是疾病的一種。如果每月都感到疼痛不要棄之不顧，最好到婦產科接受診察。

月經痛的原因有許多種，而令人擔心的是因其他疾病所造成的月經痛。如果是子宮肌腫、子宮內膜症等子宮的疾病，可能會使月經痛變得嚴重。

據說尤以子宮肌腫會隨著年齡而容易發病，子宮肌腫和子宮內膜症經常併發。當然，年輕人當中也有許多人因子宮內膜症，或自律神經障礙等造成月經困經症，並非一定都隨著年齡的增長而變得嚴重。

除了前述的原因外，子宮發育不全或荷爾蒙失調也會造成月經困難症。

尤其是突然感到劇烈疼痛或出血量增多的人，要特別注意。儘早檢查掌握原因爲要。

15 保險套是否百分之百安全？

爲了預防愛滋病等性病的感染，最近使用保險套避孕的人越來越多。而因爲普遍的常識認爲：「保險套並非百分之百安全」而使某些人感到不安，其實目前的製品品質都非常好，鮮少在途中破裂。雖然有部份廉價品品質較難保證，然而確實登記的廠商所製造的應該都没問題。

使用方法並非在射精之前的性交途中裝置，而是在插入前裝置。裝置時先將保險套前端小袋的空氣排出，射精後也要注意，拔出陰莖時避免保險套殘留在膣内，只要嚴守以上的注意事項幾乎可說是具有百分之百的避孕效果。

對於可以預防愛滋病的保險套，女性應具備正確的知識

16 年輕人最好不要使用避孕環嗎？

有些年輕人想使用避孕環，又聽說從年輕時長期使用恐怕會造成不孕，而感到不安。

避孕環（ＩＵＤ）是在子宮內裝置器具以避免受精卵著床的避孕方法。使用時請和醫師商量。

避孕環適合產婦而不希望再懷孕的人，年輕人，尤其是尚未生育的人並不值得推薦。而有月經異常、子宮肌腫或炎症的最好不要使用。

長期使用避孕環並不會造成不孕。只不過在不知情下可能偏離位置或脫落，最好一年檢查一次而每隔二、三年更換一次。

使用避孕環會加劇頭痛？

有些人裝避孕環後會有頭痛或生理痛變得嚴重的症狀，因而感到恐懼不安。這種症狀在開始裝避孕環的最初二～三個月經常可見。

對於裝避孕環是否對身體有不良影響的念頭，總會在腦海裡盤旋，事實上，也會因而產生頭痛或加劇生理痛。不過，這類精神上的影響會慢慢地消失。

裝避孕環非常疼痛嗎？

有些人聽說裝避孕環或取出老舊的避孕環時，會產生劇疼而感到不安。但是，目前有各式各樣的避孕環，實際插入時非常簡單。因爲，一般是用有如細長筷子的器具進子宮，讓其在子宮内自然地擴張。

而且，避孕環上連接著細帶，一拉就可取出。

不過，日本老式的避孕環插入或取出時多少有些疼痛。在裝置或取出時當然會打麻醉劑。但是，品質優良製作正確，幾乎可以安心地做爲避孕使用。

年輕人不適合裝孕環

17 生理期不可吃甜食？

月經期間並沒有不可吃何種食物或不可做某事的限制。似乎有人以爲不能吃巧克力或喝咖啡，其實並沒有任何醫學上的根據。

要注意的大概是酒類吧！酒精會對血管產生作用，可能增加月經的出血量。月經期間最好少喝酒。喝酒僅於一般酒量的一半。

除此之外，並沒有任何限制。依平常的方式生活根本無所謂。

月經期間吃甜食也無所謂

18 基礎體溫生活不規則的人沒有效果？

基礎體溫該在何時、如何測量呢？而從基礎體溫可以瞭解什麼？

基礎體溫是指人處於最安靜時的體溫，測量基礎體溫可以瞭解自己是否排卵。也可以預測下次的排卵預定日，有助於妊娠或避孕。同時，也可瞭解自己身體的週期，可以早期發現婦女科系的疾病或判斷是否懷孕。

以下說明測量的方法。首先，到藥局購買婦女體溫計。這種體溫計在三六～三七度間的刻度非常細，可以掌握微妙的溫度變化。購買婦女體溫計多半附帶有體溫表。

正確的測量法是睡醒時保持原狀，將體溫計含在口內約五分鐘。盡可能在同一個時間、同一個狀態測量。不過，如果睡眠時間不達四～五個鐘頭以上，無法獲得完善的結果。將測量的體溫立即記在體溫表上，並一併寫上身體狀況等。一般會分成低溫期和高溫期兩個期間，月經到排卵日之前溫度較低，以排卵日爲境界進入高溫期，高溫期的後半據說是不易懷孕的安全日。

一般基礎體溫以三六·七度左右爲境界分成兩項，不過有個人差異，也有人是以三六·七度以上或以下分成兩相性。而溫度差雖然沒有一定的規則，然而沒有〇·四～〇·五度左右的差距，看體溫表也難以看出其間的差別。

其次是日數。如果是排卵順暢的人高溫期大致是十四加減二天。月經屬於四十日型的人低溫期是二六加減二天，高溫期是十四加減二天。

換言之，即使月經多少有些不順只要月經前有二星期左右的高溫期，即可斷定有排卵。但是，千萬不可外行人擅自判斷。不明瞭的時候可詢問醫師。

基礎體溫是似36.7度左右分為兩相

月經完畢到下次月經前的身體變化

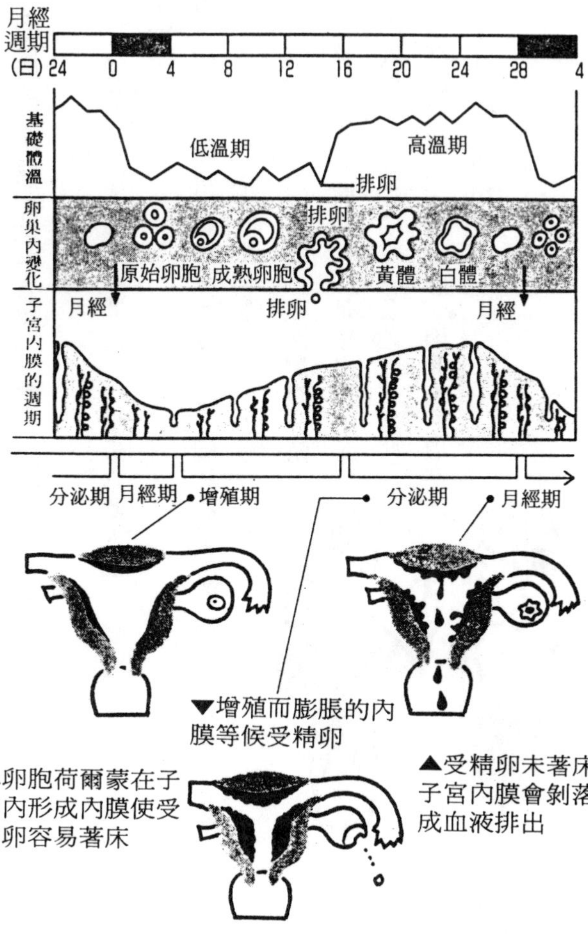

▼增殖而膨脹的內膜等候受精卵

▲卵胞荷爾蒙在子宮內形成內膜使受精卵容易著床

▲受精卵未著床時子宮內膜會剝落變成血液排出

19 新周律法是任何人都可實行的避孕法？

利用保險套避孕的人紛紛地問及：「最近常聽人說所謂的『新周律法』到底是什麼樣的避孕法？」

所謂新周律法是利用體溫法、分泌法、觸知法了解排卵日的方法。在排卵日前後避免性交以預防懷孕。體溫法是測量基礎體溫。分泌法則是子宮頸管所分泌的黏液，亦即調查分泌的量、顏色及黏稠度。而觸知法是用自己的手指插入膣內觸摸子宮前端的位置及硬度。這些方法都必須有經驗的人才有實感。因此，新周律法並不適合年輕人使用。

新周律法是適合有經驗者的避孕法

20 避孕套是百分之百的避孕法？

利用避孕套也是避孕法之一。避孕套是用避孕套樹脂等製成的柔軟盤狀物。將它箝住在子宮口避免精子進入子宮。當然，精子會進入膣內。但是，避孕套會阻礙其進入子宮，同時還使用能殺害精子的膠質，因此，會使精子在進入子宮前死亡。

但是，子宮口的大小因人而異。首先必須到婦產科測量子宮口大小及膣的內徑，製作適合自己的避孕套。而在使用避孕套時，性交前必須充份地塗抹殺精子膠劑，避孕套裝置在子宮口防堵精子進入，最好在翌朝取出。如果立即取出不受到殺精子膠劑影響的精子會進入子宮內。

如果使用得當，具有極高的避孕效果，然而問題是能否製作適合自己子宮口的避孕套以及能否裝置得當。費用大約是日幣三～四萬圓。如果才質佳又製作良好可以長期使用。

避孕…必須有正確的知識

避孕法	方法	成功率	優點：缺點
①結紮手術	結紮或切斷卵子的通管、卵管，以預防精子的侵入。	99.99%	雖然可以省掉一切的麻煩，然而一旦結紮的卵管若渴望再次懷孕必須動手術。也有可能造成不孕的原因。
②基礎體溫·荻野氏	測量安靜時的體溫以瞭解排卵日的方法。	86.00%	不必花錢又能當做參考，然而在準確率上必須和其他避孕法併用才能達到避孕效果。
③IUD（避孕環）	對子宮內膜造成作用，預防受精卵的著床。	96.00%	裝置避孕環可省去一切麻煩，然而問題是每個人的尺寸不同，所裝戴的是否適合自己。
④避孕藥	服用卵胞荷爾蒙和黃體荷爾蒙的混合劑以抑止排卵。	99.9%	避孕效果雖高卻因人爲製造懷孕狀態，可能有一個月左右出現害喜的症狀，而有些人體質上並不適合服用。
⑤避孕套	在子宮口上裝置盤狀的避孕套預防精子的侵入。	88.00%	必須配合子宮口的形狀製作自己能使用的避孕套。
⑥殺精子劑（膠卷、藥錠、膠劑）	性前放進膣內殺死精子。	87～97%	雖然女性可以自己避孕，然而插入後只有一個鐘頭左右的效果，準確率較低，必須和其它避孕方法並用。
⑦保險套	套住勃起的陰莖以避免精液進入膣內。	97.00%	使用方便又可預防愛滋病，然而使用方法不當也可能破裂或脫落。而且，裝置時必須中斷性交，有時會破壞氣氛。

適合妳的避孕法？

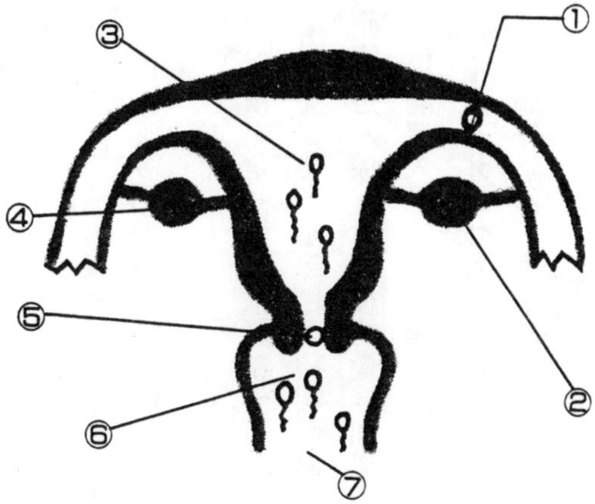

未婚	性交機會少	➡ ⑥＋⑦、⑦
	性交機會多	➡ ④、⑦
	性交夥伴對避孕不用心	➡ ②＋⑥、④
已婚	新婚、同居中懷孕則生育	➡ ②、⑥、⑦
	有兒女	➡ ③、⑦
	不要小孩懷孕則墮胎	➡ ①、③、④

21 精子接觸空氣即死亡？

有人問：「用沾有精液的手愛撫是否可能懷孕？」將沾有精液的手指插入膣内當然極有可能懷孕。因爲，精子即使接觸空氣也不會立即死亡。

膣外射精也是一樣。根據精子所射出的場所也有可能造成懷孕。假設射出的場所在膣口附近。由於女性的外陰部也因黏液而濕潤，精子會藉由這些黏液想盡辦法進入膣内。而噴射在大腿側也是一樣。射精後的愛撫如果讓精液從大腿進入外陰部，再由外陰部擠壓進入膣内，也不無可能進入子宮而著床。

即使不是上述的情況也有人是因精子穿過木棉的底褲而造成懷孕。另外，處理保險套後的手如果碰觸外陰部，也不敢保證絕不可能懷孕。因爲，SEX和懷孕乃是表裡一體。

另外，也有人有類似的疑問：據說精子接觸空氣會死亡。我覺得用沾有精液的手碰觸應該不會懷孕，但是事實如何卻令人擔心……。

精子包含在精液内。因此，誠如前述短暫的碰觸空氣並不會立即死亡。

用沾有精液的手或毛巾碰觸膣部是危險的。也許有人以爲碰觸一下應無妨，然而如果接近排卵日而活精子又碰觸到膣的入口，極有可能因此而懷孕。

今後不論性交伴侶再怎麼保證絕無問題，最好還是避免膣外射精或沾用精液的手愛撫。不渴望懷孕時更應小心謹慎。彼此對是否造成懷孕的問題應更加小心留意。

膣外射精並非避孕法

22 局部洗淨器是否也能做為避孕?

似乎有些人看了局部洗淨器的廣告或電視、雜誌上的宣傳而以爲既然局部洗淨器是洗淨膣部的器具，應該也可以做爲避孕器使用。以下就針對局部洗淨器做一番說明。

所謂局部洗淨器（Bide）是清洗膣內的器具，在義大利或法國一般做爲上完廁所或性交後清潔性器的用途。但是，本來目的純屬膣部的洗淨，尤其是分泌物較多而令人不快時使用。因此，可利用局部洗淨器避孕乃是一種錯覺。

性交後使用局部洗淨器的確可以洗掉膣內的精子。但是，其中應該有從子宮口進入子宮內的精子。因而其避孕的信賴性極低乃是理所當然。

局部洗淨器的正確使用法是在洗淨器內裝溫水，將溫水送進膣內四～五次。然後更換溫水反覆清洗數次。另外也有從便器下方放水洗清外陰部的方法。

但是，切忌過度使用局部洗淨器。這會減低膣內原有的自淨作用。

23 是否有一〇〇%安全的避孕日?

在前述的基礎體溫中也提到安全日和危險日，乃是根據排卵日和月經爲基準來測量。卵子排卵後約有二～三日的存活，而精子的壽命約三天。因此，危險日的日期應該是排卵期間的五日加上精子的壽命，總共約八天。

而安全日則在危險日之後。期間約從排卵日數來第四天到下次月經之間。考慮精子的壽命及排卵日，月經完畢到危險日之前並不太安全。

但是，這完全是月經週期固定的人所推測的現象，只要確實地測量基礎體溫必可一清二楚。因爲，排卵日和月經不同並無法親眼印證。週期較短的人可能月經開始之後的第十天就排卵。換言之，也有人月經完畢不久即排卵。

月經期間可以說是一〇〇%的安全日，然而卻非絶對的安全。因爲，有可能把排卵的出血和月經混爲一談……。

24 在排卵日性交一定懷孕嗎？

在排卵日性交極有可能懷孕，幾乎已成常識，但是，似乎有許多人對所謂排卵日並不明瞭。

排卵日身體會產生何種變化？精子和卵子的存活日數為何呢？

排卵日和個人的月經期有關，多半是在下次月經預定日的前十四天。譬如，月經週期是二十八日型的人是第十四天，四十日型的人則是第二十六日左右。

至於身體上的變化，有些人排卵時腹部會疼痛。也有人會有輕微的出血。

而最顯著的特徵是分泌物增多。那是無色透明而黏度高的分泌物。將指頭伸進膣部內側，抽出時黏著在指頭上的分泌物，若伸展約十公分則是排卵日的證據。

如果記錄基礎體溫可從體溫表做判斷。和其它日期相較下體溫顯得特別低的日子就是排卵日（請參照前述）。

至於精子、卵子的壽命，一般認為卵子存活約二～三天，精子約有三天的生命。但是，

懷孕的危險日是排卵日的二、三日前

根據最近的報告，具有受精能力的卵子其生命力只有排卵後一～二鐘頭。

因此，精子在卵管等候卵子，亦即在排卵日之前性交比排卵日更容易懷孕。

換言之，對於不希望懷孕的人，在排卵日二、三日前性交最危險，這一點請銘記在心。

25 生理期不會懷孕？

似乎有許多人聽過生理期性交絕對不會懷孕的傳說。事實果真如此？

排卵日正常的人月經來潮的時候已距離排卵日十日以上。這時卵子已死，因而在月經期中性交不會懷孕。

如果在月經期間有排卵，然而子宮內是處於出血狀態。即使性交，卵子和精子都會受血液影響，因而幾乎不會懷孕。

月經開始後到幾日爲止不會懷孕呢？這一點倒不能保證。雖然出血量較多的日子懷孕的機率較低，卻無法斷言。

不過，下次排卵較早的人，大約是上次月經開始日算起的第十天左右。若顧慮精子存活的日數，最好還是提早做避孕準備以策安全。

同時，有時也應注意不要把排卵時的少量出血和月經搞錯了。

26

第二次性交不會懷孕？

由於射精的次數越多精子數越少，因而有人疏忽了第二次、第三次的避孕。但是，即使精子數減少，只要還殘存著一些精子都有懷孕的可能。

如果不希望懷孕而不從頭到尾徹底避孕則無意義。這是非常重要的事，必須和性交伴侶充份地溝通並請求其協助。

錯誤的知識是悲劇的根源。有關避孕應和性交伴侶充分地溝通

27 淡薄的精液不會懷孕？

「我以為他的精液淡薄又少應該不會懷孕……」擅自斷定而出現意外結果的人似乎不少吧。其實精液的狀態光從目測並無法瞭解。雖然可以看出量的多寡，然而一次射精的精液量也僅只二～六c.c.。這應該不是令人覺得多寡的份量吧？

而最重要的乃是肉眼看不見的精子數和運動率。精子數在一c.c.中高達五〇〇〇萬以上，運動率是指游動的精子佔約八〇％以上最理想。而精子的畸型率必須在一五％以下。如果是一c.c.中只有二〇〇〇萬以下的精子減少症或畸形率佔二〇～三〇％以上時，雖然並非完全沒有受精能力，卻是微乎其微。

但是，這些都必須到醫院檢查才能明瞭。不放心的人不妨做一次檢查。但是，切忌勉强行之。如果原本感情好的二人因此而發生齟齬豈不本末倒置。有關這些煩惱最好是婚後夫妻二人充份地溝通、商量。

28 懷孕第三個月首次墮胎是否危險?

對於墮胎的女性而言不論身心都會造成不良影響。但是，若情非得已必須動此手術也莫可奈何。

前往墮胎的當天並不立即動手術。因爲，動墮胎手術必須有對方的同意書及其他的文件。當天會決定診察與手術預定日，然後帶著必要的文件回家。手術之前晚必須沐浴潔身。手術當天早餐不可進食。

手術的方法是全身麻醉後利用搔扒法擴張子宮入口取出胎兒。時間約十五～二十分左右。但是，手術後二～三個鐘頭必須在醫院保持安靜，回家的時間大約是傍晚左右。

同時，手術後三天請假以便在自宅休息。如果不保持安靜而勉强行動，不僅會造成出血不止，也可能會留下腹痛的後遺症。

墮胎費用不能用任何保險，大約是日幣五～十萬圓。筆者認爲盡量到患者較多的醫院動這項手術。

29 可以不告假而墮胎嗎？

「我想墮胎，不過有沒有辦法不要請假，以避免讓公司察覺呢？」

墮胎並不能使用健康保險因而公司不會發覺。即使手術中某部份使用保險而讓公司發覺支付治療費，也絕不會瞭解病名。

但是，不請假而去墮胎我覺得過於勉强。雖然懷孕初期的墮胎手術僅十五分左右，相較於懷孕中期以後的墮胎對身體的負擔較少，然而手術後的安靜絶對必要。至少請在自宅休息三天。勉强行動不僅對身體的回復造成影響，也會造成腹痛或發燒的原因。留下禍根可能變成將來不孕，也可能出現容易流產或造成子宮外孕、月經異常、不正常出血等後遺症。我認為即使說謊也要向公司告假。

墮胎後務必充份攝取鐵份及蛋白質。必須注意比平常攝取更多的營養，儘量少吃刺激物。更不要忘了手術後的健診。

30 男友會知道自己有墮胎經驗嗎？

有些人擔心從前墮胎的事情在性交時被新的男友發覺而感到不安。她們所在意的是墮胎手術是否留下傷口？膣口形狀是否產生變化？

其實墮胎手術並不會留下傷口或使膣口擴張。是否有墮胎經驗，連婦產科醫師也幾乎無法一目瞭然。

但是，卻有人墮胎後對性交毫無感覺。對墮胎所抱持的罪惡感或殘存著懷孕的恐懼，的確有時會變成不感症，不過這完全屬於精神的因素。絕非疾病。

連婦產科醫師也不知道是否有墮胎經驗

31 是否可以用藥物墮胎?

最近各式各樣的新藥陸續開發。至於墮胎甚至有人認爲不必動手術也能解決。「聽說有一種藥可以輕易地墮胎,這真的嗎?目前懷孕兩個月,也許可以用藥物墮胎,能否告知那是什麼藥?」「聽說只要打針就可輕易地墮胎,這時還需要手術嗎?」這類疑問時有所聞。

利用藥物或注射法的墮胎幾乎是不可能的。墮胎只能動手術別無他法。

這位女性所說的「藥」也許是妊娠中期墮胎手術時所使用的藥吧。那是利用藥物產生陣痛造成生產的狀態而墮胎。

即使是這種情況,如果有部份胎盤殘留子宮而流血不止,事後仍須做和手術一樣的處理。剛懷孕的初期也無法用藥物墮胎。若決定墮胎最好還是在懷孕三個月以內,可減輕負擔。

32 不清楚性交對象也能墮胎嗎？

墮胎如果是在初期（懷孕三個月以前），則實行麻醉後用器具徐緩地打開子宮口，待其擴張到某程度後，用器具伸入子宮內刮出內容物。到了中期（二十二週以前）則花數天讓子宮口擴張，待擴張到相當的程度後，利用藥物造成陣痛，彷彿小產一樣取出。

根據嬰兒的大小墮胎法各不相同。當然，費用也因有無住院而不同，隨著懷孕月數的增多可能會變成重大的手術。當然，懷孕初期墮胎並不一定要住院，然而手術後必須有絕對的休養。

另外，墮胎必須有同意書，其中有配偶者的同意欄，必須填寫清楚。有些人因和複數人發生性關係而搞不清楚對方是誰，碰到這種情況，必須冷靜地思考回想最有可能的人。並且告知在自己最危險的日期發生性關係的人。

如果行不通，不妨向主治醫師商量。

33 高齡初產對母體是否有危險？

有一名二十八歲的未婚女性來詢問說：「高齡初產真的很麻煩嗎？想到懷孕比結婚更令人不安，事實上到底如何呢？幾歲以上會發生危險呢？」

以前提到高齡初產都認爲是三十歲以上。而目前則認爲是三十五歲以後，事實上並沒有幾歲以上會發生危險的確證。因爲，其中有母體的個人差異。

高齡初產如前所述在某些方面危險性較高卻是事實。而且，高齡的女性產道多半較硬，會造成分娩時間拉長或剖腹生產的機率提高。

但是，即使是高齡初產只要確實遵守醫師的指示，並注意懷孕中的生活，應該可以預防許多危險。雖然年輕時生育危險率較低，卻也不必因此而感到不安。

34 痔對生育毫無影響嗎？

因痔而煩惱的女性有時會向筆者問及：「生產前是否應該治癒？」我認爲這種人與其治癒痔，毋寧充份地留意對痔的對策反而可以減輕懷孕中的辛勞。懷孕期間容易便秘而下半身的血流增加，很容易長痔。受到日益增大的子宮壓迫肛門附近的直腸，很容易向外脱出或有脱肛的情況。而且，分娩時的使勁也可能造成痔的惡化。

長痔的人應盡量攝取纖維質較多的食品以促排便，並且養成每天早上排便的習慣。同時，勤快入浴，不過要注意避免下半身著涼。入浴可以緩和患部促進血液循環，千萬要花時間去沐浴而盡可能在排便後坐浴。保持清潔不僅能預防細菌感染，還具有和入浴同樣的促進血行的功效，又能緩和疼痛。

但是，上述的處理都只限於輕度的痔疾。如果出血及疼痛嚴重，變得坐立不安的情況時，我認爲最好用手術治療。請找專科醫師商量。

35 任何墮胎都不能使用保險嗎？

「聽說懷孕的診斷或墮胎都不能使用保險。那麼，是否可以不必攜帶保險證？我擔心公司裡的人知道我去婦產科，因此不希望帶保險證去……」「聽說生產或墮胎並非疾病，因此不能使用健康保險，這是真的嗎？」

筆者也曾經聽到類似的疑問。

依目前日本的保險法妊娠判定或墮胎並不能使用保險。因此，可以不必攜帶保險證。

但是，如果是自然流產、子宮外孕等病態的懷孕，可使用保險，如此可以多少節省醫療費。

您擔心被公司的人察覺，其實既然不使用保險，公司方面當然不會知道動了手術與否。

另外，即使是因病態的懷孕而使用了保險，負責的醫師也不會告知公司。

因此，爲了預防萬一，建議您還是攜帶保險證去檢查。

36 有三次墮胎經驗而對懷孕感到不安?

有三次墮胎經驗的女子將要結婚，對是否能懷孕?曾經墮胎是否造成影響，感到煩惱不已。

像這樣的人其實也能懷孕，對嬰兒應該不會造成影響，我認爲並不必太在意。墮胎的後遺症中最常見的是「墮胎後炎症」，這種發炎倒令人有些擔心。

墮胎後不但會持續出血，分泌物變成細菌容易繁殖的狀態，而子宮內也留下手術的傷痕。因此，如果細菌侵入子宮內即會造成發炎。這種炎症强烈時，會從子宮蔓延到卵管，可能造成卵管的癒著。如此一來不可能受精而無法懷孕。同時，即使受精由於卵管並沒有受精卵通過的空隙，可能造成子宮外孕。此外，也會發生前置胎盤等胎盤位置異常，或頸管無力症等障礙。由於墮胎使得頸管强行擴張，造成頸管收縮力萎縮，容易引起流產或早產。

也許有墮胎經驗的人比從未墮胎的人，發生這類障礙的頻率較多吧。

37 想要孩子卻一直沒有孩子是否不孕症？

一般所謂的不孕症到底在何種情況應進行治療？從前認爲一般的性生活，在兩年内没有懷孕的情況稱爲不孕症，必須接受治療，而最近一年仍没懷孕就積極地接受治療。

誠如所知懷孕必須是精子從子宮進入卵管與排卵的卵子遇合成爲受精卵，然後受精卵回到子宮著床在子宮内膜。妊娠的成立必須有女性方面的因子及男性方面的因子，缺一都不可。反過來說如果女性或男性或者雙方有某種缺陷時，不能懷孕。

原因若出在女性，最大的可能是没有排卵的排卵障礙。另外也常見雖然有排卵卻產生月經週期異常等卵巢機能不全、卵管發炎而變窄，或黏著造成卵管通過的障礙。

至於男性可能是精子數極端少或没有的精子形成障礙、精子不能通過精管的精子通過障礙，以及勃起不能或極度早漏、遲漏。

38 妊娠檢查費時又花錢？

懷疑有孕而到醫院檢查時，醫院首先會問診，接著做尿檢查。也有做超音波檢查。

至於內診，據説有生產經驗的人對內診都有排斥感。因此，沒有經驗的女性對內診敬而遠之也是理所當然。但是，內診是爲了調查子宮的狀態，最好能接受檢查。

藉由內診也可以瞭解子宮是否比平常大、卵巢是否腫脹等異常。

問診、內診（有些醫院做超音波）合併起來的診查時間約十五分鐘。尿檢查的結果約三分鐘左右即可明瞭。費用在日幣一萬圓以下，不能使用保險。最近可以輕易地購得市販的妊娠檢查藥，有些人藉此而做懷孕的判定，不過，不習慣使用者有可能失敗。市販的檢查藥僅能當做參考。

若要確實得知是否懷孕，最好還是到醫院檢查。如果月經延後一星期以上，應儘早到婦產科做檢查。

39 懷孕可否出外旅行？

有一位懷孕的女性向我提出這樣的問題。

「目前懷孕兩個月。於一個月後要舉行婚禮，並決定去蜜月旅行？有沒有關係呢？如果不行，什麼時候及多久的飛行時間才不會造成嬰兒不良影響，而能安心成行呢？蜜月旅行的預定地是夏威夷……。」

我認爲最好放棄旅行。懷孕三個月時腹內的嬰兒尚未安定，也常有出血的情況。甚至連婚禮都令人忌諱，更何況是到夏威夷旅行。從日本到夏威夷要六個半鐘頭，而回程八個鐘頭必須持續坐在狹窄的客機上，簡直是荒唐的舉止。長時間坐在狹窄的座位上，會造成骨盤充血提高流產的危險性。因此，懷孕初期、後期應儘量避免外出。

如果情非得已，必須參加婚喪喜慶或回故鄉生產時，應以寬裕的行程選擇有位置的交通工具。要避免搭汽車坐遠距離的外出或在凹凸馬路上的兜風。同時，必須有某人隨行並不可攜帶重的行李。

懷孕初期、後期應儘可能避免旅行

基本上，並沒有幾個月之後可以到什麼地方旅行的基準，重要的自己覺得不安時就放棄旅行的念頭。每個人懷孕的狀態不同，旅行的內容也不一樣，與主治醫生商量也非常重要。主治醫生聽到這種疑問一定感到頭痛……。

請小心行動以避免懷孕生活留下懊悔。

40 不知道懷孕而運動會要人命？

有些人不知已懷孕而打網球或出外旅行，結果擔心對嬰兒是否會造成影響。若是上述的情況並不必太擔心。

多數人發覺懷孕多半是在懷孕兩個月的初期。是月經預定日來遲之初。但是，懷孕已在其兩個星期前開始。多數人都一無所知而像平常一樣生活，不會因而造成流產並能生下健康寶寶。如果到醫院檢查得知腹中的嬰兒健康地成長則無所謂。只要今後小心留意即可。服用感冒藥等藥物或做激烈的運動、旅行時必須向平時接受診查的醫師商量。

尚未察覺懷孕時期的運動不必太在意

41 公司的健診也會發現是否懷孕嗎？

每到春天各個公司都有健康檢查。曾經有一名月經到期不來的女性，在這個時期擔心地前來詢問：「健康檢查會不會發現懷孕？」

公司的健康檢查絕不會發現是否懷孕，這一點請放心。

平常健康檢查所進行的尿檢查是調查是否有糖尿病或腎臟病。其中所使用的檢查藥和懷孕診斷所使用的不同。懷孕診斷藥價格昂貴，一般的健康檢查絕不會任意使用這種昂貴的藥。

不過，如果月經已超過預定日而遲遲不來，必須到婦產科接受妊娠檢查。使用敏感的診斷藥，即使是超過月經預定日的二、三日也可以診斷出是否懷孕。

如果非常擔心，不妨在健康檢查之前到婦產科接受檢查，以瞭解真相。

42 嚴重的畏冷症、貧血已無可救藥嗎？

「我患有嚴重的畏冷症，待在公司裡吹冷氣手腳常變得冰冷，而走出户外又熱得頭昏腦脹。滿臉通紅又流一身汗。有無改善的方法？」

多數女性的煩惱之一是畏冷症。多半會出現前述的症狀。

畏冷症可能是體質的關係，而日常生活似乎也是問題所在。譬如，不吃早餐或減肥，造成的卡路里不足、外食造成的營養失調，穿的少、穿著過緊的內衣等都可能是原因所在。必須重視規則的飲食生活及日常生活的規律。

如果確實遵守以上的規律而無法改善原因可能是低血壓或貧血、自律神經障礙。其中尤以自律神經障礙不僅會因末梢血行障礙造成畏冷症，也會併發月經不順、失眠、肩酸、目眩等其他的不快症狀。

請留意每天晚上泡熱水澡，並服用維他命E改善全身及末梢神經的血行。

同時，不要強忍寒意也是非常重要的。在太冷的冷氣房內必須利用衣物來預防寒冷。

43 眞的有所謂的懷孕幻想嗎?

渴望有孩子的人，生理延後又有害喜感，胸部略爲鼓脹時以爲已經懷孕了，結果純屬懷孕幻想——。也許有人認爲這種事並不可能存在，其實有許多實例。

「妊娠幻想」是因爲極度渴望小孩，或相反地對懷孕抱著恐懼，而憑空想像把身體上一切的不對勁穿鑿附會爲懷孕。

最常見的是一點嘔心感就當做是害喜現象，胸部多少產生鼓脹則認爲是因懷孕所造成的乳房變化。此外，頻尿或下腹部略爲隆起也都當做是懷孕的徵兆。

當然，上述症狀都可以說是懷孕的徵兆，然而卻非懷孕的決定性要素。確實懷孕與否必須經過妊娠反應的陽性、胎兒的確認等才可斷定。

如果眞的難以懷孕的人，我認爲夫婦應該一起和醫師商量。

44 體溫低的人不會懷孕?

對女性而言，體溫或血壓和妊娠、生產關係密切而令人在意。女性中有人體溫較低，平均溫只有三十五度左右。

有一名女性聽朋友說體溫低的人難以懷孕，而前來商量到底該怎麼辦。

一般認為體溫較低的人難以懷孕，然而卻非絕對的事實。

首先請測量基礎體溫。一般是以三十六點七為境界，分成高、低兩相性，而有些人三十六點七度左右屬於高溫期，三十六度前後則屬於低溫期。

是否能懷孕和排卵的有無，比體溫的低否關連較大，換言之，問題乃在於基礎體溫所呈現的數值如何。測量二~三個月左右的體溫，然後拿體溫表到婦產科和醫師仔細地商量。

體溫表旁邊的刻度可以配合自己的體溫改寫也無妨。同時，我認為應該是日常的生活狀態有規則性，並攝取均衡而營養的飲食，也可以配合漢藥使用。

月經週期是幾天呢?如果是四十五日或七十日，可能是嚴重的排卵障礙。它可能是不孕症的原因。

高中開始的低血壓不會影響生產

「我從高中時代開始就是低血壓。低血壓對懷孕或生產是否不好？」

女性中也常見低血壓者因而有這類的疑問。但是，低血壓對妊娠或生產並不會產生直接的不良影響。

不過，必須注意的是伴有貧血的狀況時。懷孕後多數人都帶有貧血。而本來有貧血症的人症狀會惡化，恐怕會有目眩或頭昏眼花的症狀。再加上低血壓恐怕會弄壞了身體。

基本上並沒有治療血壓的方法，如果並非其他原因造成也不必治療。只要留意過規則性的生活就足夠了。

在懷孕之前最好能檢查自己是否有貧血的跡象。

45 分泌母乳是否懷孕的證據？

有個女性慌張地問我：「我絕不可能懷孕，怎麼會從乳頭分泌白色的乳液呢？」

我認爲這也許是體內的普洛拉克基荷爾蒙太多的緣故。

普洛拉克基是對乳腺產生作用，促進乳汁分泌的乳汁分泌荷爾蒙，血液中含有過量普洛拉克基荷爾蒙時，會變成高普洛拉克基血症，而產生上述的症狀。

原因不明。有些人純屬乳汁荷爾蒙太多，或可能是分泌普洛拉克基的腦下垂體出現腫瘍。這類情況應儘早到婦產科做檢查。

一般可以藉由服用藥物治癒，如果是腫瘍隨著其變大也有可能引起視力障礙。乳汁分泌荷爾蒙太多也會造成不排卵而形成不孕。請測量基礎體溫檢查排卵是否正常。

另外，可能因懷孕時所產生的荷爾蒙影響，而在墮胎後分泌乳汁。

碰到這類情況儘可能不要去碰觸乳房，並在乳房做冷敷。

自然而然就會停止分泌乳汁。觀察一陣子後仍然分泌乳汁，最好到婦產科檢查。必須利

沒有懷孕也有可能分泌母乳

用注射或藥物抑止荷爾蒙分泌。

懷孕後爲了即將出生的孩子，身體會開始準備分泌母乳。因此，墮胎手術等於是斷絕了身體的自然體系。

46 是否可以不必切開會陰而生產？

聽姊姊生產時的情況而驚慌失色的妹妹前來詢問說：

「生產時真的要切開外陰部？光聽這一點就令人毛骨聳然，很害怕懷孕生產，切開外陰部真的沒有後遺症嗎？」

這個問題是指所謂的「會陰切開」，乃是千真萬確的事情。經產婦膣口的伸縮較好，有時可以不必切開，而初產的人嬰兒的頭部往往比膣口來得大，切開會陰較能順利生產。如果不切開任其自然破裂，恐怕會裂開數個地方或傷口不齊，造成事後疼痛的加劇或難以治癒。

而切開的時機主要是在陣痛特別强的時候。因此，不會感覺到切開的疼痛。有時會利用局部麻醉切開會陰，然而幾乎沒有人感覺到會陰被切開的痛楚。

當然，產後會將切開的痕跡縫合整齊，傷痕並不明顯。

47 子宮内膜症會復發嗎?

因子宮内膜症而服藥一個月左右的女性詢問說:「我的婚期已定,在婚前是否能治癒呢?婚後會不會復發?」

覆蓋在子宮内側的子宮内膜没有發育成子宮腔的疾病,就是子宮内膜症。事實上,子宮内膜症的原因不明。最有力的説法是,月經時的血液因某種原因從卵管逆流到腹腔中,而增殖造成子宮内膜症。

一般是使用荷爾蒙劑治療。而這名女子可能是服用添加荷爾蒙的藥劑,抑止排卵減低增殖子宮内膜的熱能。大約花三~四個月才能治癒,必須耐著性子治療。

很可惜的是有復發可能。在預防上儘可能避免經血逆流,因而月經期應避免激烈運動和性交。而婚後懷孕是最好的治療法。

48 子宮膣部糜爛是可怕的疾病？

分泌物多又有搔癢感的人到婦産科檢查，診斷是「子宮膣部糜爛」。這到底是什麼疾病？

子宮膣部糜爛是指子宮膣部亦即子宮出口處産生糜爛。糜爛就是潰爛，不過，並非血肉模糊般的潰爛，是呈潰爛狀而被稱爲糜爛。

本來，子宮膣部的表面覆蓋著堅韌而扁平的上皮，成熟的女性卵胞荷爾蒙分泌旺盛時，子宮內側柔軟的腺細胞面會反翹而露出膣外。這就是所謂的糜爛，呈鮮紅色。因此，狀似糜爛而被稱爲糜爛。

子宮糜爛時表面會變得柔軟，因性交等的刺激容易出血或荷爾蒙增多、産生搔癢感等。症狀相當嚴重者，必須接受治療，我倒認爲並不必太在意。

49 糜爛是否有癌的危險？

「性交感到疼痛是因糜爛的緣故，我想利用手術清除……。」有些女性會有這樣的觀念。其實糜爛和性交疼痛並沒有太大的關係。頂多是患有糜爛者分泌物變多，而外陰部變得搔癢疼痛而已。

性交的疼痛可能是其他的原因，諸如子宮內膜症等。如果疼痛劇烈，反而令人擔心糜爛以外的疾病。

年輕的女性六～七成都有子宮糜爛。以往子宮糜爛被認爲和子宮頸癌的發生有關。而目前也有檢查是否是癌症的前兆，其實並不必擔心。

除了分泌物之外鮮少有自覺症狀。頂多是因衛生棉球或性交的刺激而出血。

動手術雖可輕易地清除，然而症狀若非顯著，並不需要刻意動手術。

50 「醋」可治療毛蝨？

「我的陰毛處非常癢仔細一瞧似乎是毛蝨。男友說可用醋治療，是否屬實？」

最重要的是先剃掉陰毛，清洗外陰部。不要道聽塗說用醋來治療，最好使用專門的藥物。

毛蝨約一、二毫米大，形狀像螃蟹。有些人並不會感到搔癢，而有些人被毛蝨咬後數十天才感到搔癢。多半是在性交感染，而有些則是因碰觸沾有毛蝨的毛巾或被單而感染。

治療非常簡單。不要遲疑趕緊到醫院診療。

被毛蝨咬到時趕緊到醫院診察

51 性病會寄通知到公司嗎?

似乎有些人因爲擔心性病的診斷會寄通知到公司而不敢到醫院檢查。其實，最重要的還是到醫院檢查。

另外，必須到衛生所報備的梅毒、淋病、軟性下疳、鼠膣淋巴肉芽腫等四種性病。除此之外的性行爲感染症或其他的疾病並不需要報備。

而在公司方面，醫師具有守秘的義務，因此不會被雇主察覺。當然，衛生所也不會向公司連絡。

醫師具有守密義務，請安心到醫院檢查

52 感冒藥吃太多容易染患性病？

有時因疾病或藥物的影響而併發其他疾病。千萬不要穿鑿附會造成各種誤解，應該確實掌握疾病與身體之間的關連。曾經有人這樣問起。

「持續服用感冒藥容易染患性病是否屬實？性器感到搔癢而到醫院檢查被診斷是膣炎。據説原因可能是吃感冒藥，感冒藥會造成性病嗎？」

在此所提到的膣炎乃是坎吉他膣炎，並非性病。只是性行為感染症的一種，因性交而傳染的疾病。

那麼，怎麼説肇因是感冒藥呢？因為，並非因性交傳染，而是因體內的坎吉他黴菌所造成的膣炎。膣內具有許多殺雜菌作用的細菌。如果長期服用治感冒等的抗生物質，會使這類細菌死亡，造成坎吉他的繁殖。身體疲憊而抵抗力減弱時，很容易染患坎吉他膣炎。

這種疾病治療簡單，卻容易感染。

53 帶茶色的精液是否性病?

「我覺得男友的精液略帶茶色……。如果是性病恐怕會傳染給我……。」

如果自己並無疾病而對方卻有上述的症狀時，難免會感到不安。以這個例子而言，光看精液的顏色並無法斷定是否疾病。因爲，多數人長久沒有射精時精液量會增多而顏色也會變濃。

如果男友的精液中混雜著血液，排尿時會疼痛或睪丸出現腫脹疼痛的症狀，最好建議他到泌尿科做檢查。

如果發現對方有性行爲感染症女方最好也能到婦產科做檢查。

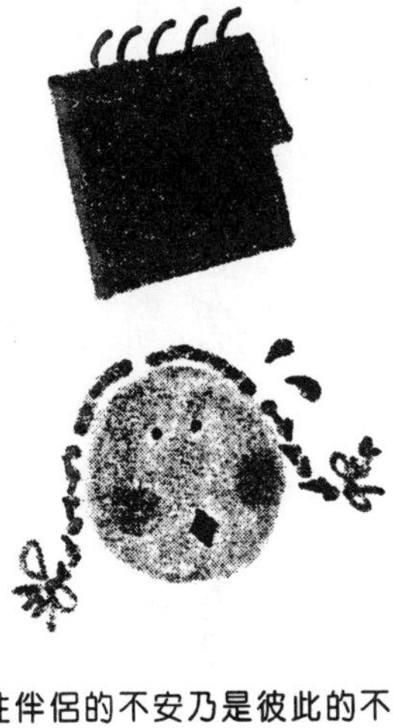

性伴侶的不安乃是彼此的不安

54 性器左右形狀不同是否異常？

有許多患者擔心自己外陰部形狀是否不正常，其實多半是正常。誠如每個人的臉孔左右各不相同，外陰部的形狀也是十人十樣。沒有人的大陰唇和小陰唇是左右完全一樣的形狀。以小陰唇而言，有些人像象耳，而有多數人並不整齊。

但是，這一點卻是當事者的煩惱，縱然我再怎麼據理說明即使當場獲得理解，仍然有不少人感到懷疑又到其他醫院尋求解答。

較大一片可以利用手術切除，並仔細地縫合以避免留下傷痕而改變形狀。

但是，這個部位到底非同小可，若顧慮到手術後的疼痛多少必須住院。而費用也不能使用保險，最低將花費日幣二〇～三〇萬圓，有些地方甚至高達一〇〇萬日幣。而筆者一概拒絕這類手術。

55 處女會因首次的性行為而喪失？

「我絶對不讓目前交往的男友知道我並非處女。」

許多女性基於這樣的理由，渴望做處女膜再生術。

所謂處女膜是位於膣口的內側，堵住膣口呈黏膜狀的薄膜。

但是，處女膜的形狀、大小、厚薄、强硬等有相當大的個人差異，雖然一般認爲在初次的性行爲會破裂，其實並不可一概而論。有時會因激烈運動或使用衛生棉球或自慰而破裂。因此，並不一定首次的性交即會使處女膜破裂而出血。

相反地，有些人天生處女膜厚而强韌。這是男性的陰莖無法插入的處女膜强韌、處女膜肥厚。

利用再生手術縫合破裂的部份，即可再次擁有處女膜，然而這個部位畢竟重要，而且再生之後，也不能保證性交會出血。

總而言之，我認爲處女與否是精神方面的問題。必須充份考慮之後再動手術。

56 市販的止癢藥可塗抹在任何部位?

似乎有人利用市販的止癢藥治療性器外圍的搔癢，這是非常危險的做法。「癢」的症狀有各種情況。可能是不潔、因內衣造成紅腫而生癢、膣炎所造成、毛蝨或尖圭孔吉羅姆等的疾病、皮膚病、內臟的疾病……。

用藥必須根據不同的原因來改變。尤其是外陰部極敏感，亂用藥物恐怕會使症狀惡化。不要因上醫院檢查麻煩而隨意塗抹市販的藥品，請務必接受醫師的檢查。

配合原因使用止癢藥

57 過敏性體質會不會傳染給嬰兒?

有越來越多的人因過敏性體質，到灰塵較多的地方會立即長蕁痲疹，或吃某特定的食物身體感到不適等。同時，據說過敏性體質具有遺傳的傾向，而有人認爲這種體質恐怕會傳染給即將出世的嬰兒，或認爲自己既然是過敏性體質的人，實在不應該生育兒女，以造成更多的傷害。

過敏性體質不能說不無遺傳的可能，過敏性體質的人所生育的嬰兒，可能亦帶有過敏體質。但是，卻有預防或減輕程度的方法。

造成過敏的原因有許多種，諸如花粉、塵埃、乳製品或豆類等食物、藥物。由於是天生的體質在治療上較爲困難，最好的辦法乃是避免過敏原。所謂「減感作療法」是讓患者習慣過敏原物質的方法，不妨到大醫院做診察。和醫院商量之後做盡可能的防衛措施。

58 下腹部突然鼓脹是便秘的緣故？

下腹部突然鼓起卻找不出原因，既沒有發胖體重也沒變，又無便秘……。下腹部的鼓脹可能是皮下脂肪或積水蓄積腹腔、卵巢囊腫、子宮肌腫等疾病。

不論那一種情況，在初期即使腹部凸出體重也幾乎不變。下腹有皮下脂肪，若不嚴重也不致造成體重計的刻度移動，若是中年之後出現的皮下脂肪，並不會有太大的體重變化。

如果擔心，最好到婦產科做檢查。原因從檢查中即可明白。

體重不變的下部鼓脹有可能是疾病

59 有無任何人都適用的安全避孕法？

避孕法到底有那些？有許多人渴望知道其種類與方法、失敗率、價錢等。詳情請參照三二、三三頁一覽表，在此針對避孕種類及方法做簡單說明。

避孕法有避孕藥、ＩＵＤ（避孕環）、保險套、殺精子劑（膠卷、藥錠、膠劑）避孕套、卵管結紮、荻野式基礎體溫、膣外射精、卵管切除等多種。

除了卵管結紮或卵管切除等特殊的避孕法之外避孕藥、ＩＵＤ、保險套等可以建議大家使用。如果能正確使用避孕藥，幾乎可以達百分之百避孕效果，而ＩＵＤ的避孕效果也高達九六％。

裝在子宮內的ＩＵＤ（避孕環）有效期間約兩年，費用約日幣三〇〇〇圓。

準確率最低而不須花費的是荻野式基礎體溫及膣外射精。另外，保險套的品質越來越好，只要使用正確效果也非常高。

請具備正確知識選擇適合自己的避孕法。

60 添加荷爾蒙的化妝品可使肌膚細嫩光澤？

根據女性荷爾蒙可以治療皮膚粗糙的情報，而持續使用標明「添加女性荷爾蒙」的化妝品，對肌膚有益嗎？

荷爾蒙劑的確能產生效果，然而使用一段時間後若無效果，恐怕會使症狀惡化。尤其應注意添加副腎皮質荷爾蒙的化妝品。請仔細閱讀說明書上的成份再正確地使用。

乳液對治療肌膚乾裂也有效果，平常最好留意攝取含有皮膚新陳代謝所必要的維他命A的綠黃色蔬菜。

請留意添加副腎皮質荷爾蒙的化妝品

61 生理期間拔牙是否會使出血量增多?

月經如果和帶有出血的醫療處置重疊時,會出現不良影響,有時並無所謂。有些女性似乎對這一點感到不安而有下面的疑問。

「我預定下禮拜拔牙,可能碰到生理期。聽說生理期間拔牙會使出血量變多是否屬實?聽說最好不要動手術,到底情況如何呢?」

的確有些人在月經期間拔牙會使出血量變多。事實上只是感覺上的問題,幾乎没有太大的變化。

不過,動手術時要特別注意。月經期間會有腹痛、便秘等身體失調,在精神方面也容易焦躁、失去集中力、變得不安定等。甚至可能容易造成腦貧血或貧血。動手術時我認爲應和醫師充份地溝通,儘可能避免。

62 荷爾蒙劑可治療過濃的恥毛?

有許多人因恥毛過濃而到婦產科診察。

「對於自己恥毛濃密感到煩惱不已。據說荷爾蒙劑可以使恥毛變薄是否屬實?其他還有使恥毛變薄的方法嗎?」

在恥毛多的女性中,的確有人測驗其血液中的荷爾蒙,發現男性賀爾蒙較多。但是,月經仍屬於正常狀況。而多數人的基礎體溫表並沒有特殊的異常。

如果只是略爲濃厚應該不需要使用荷爾蒙劑治療。我認爲也不必改變體質。因爲,改變體質並不容易,且大量使用荷爾蒙對身體並不好。

最好的方法應該是勤快地剃除,或使用除毛劑除掉,或使其變薄,並不需要太在意。

不要只爲了解除恥毛過於濃密的煩惱,導致健康的身體因而失調的惡果。

2

身體的煩惱

以訛傳訛的錯誤健康常識

63 可否讓生理來遲？

「我目前服用避孕藥。想讓生理延後，請問最多可以延後幾日呢？」

只要服用避孕藥，要延後幾日都行。有一個特殊的例子稱爲妊娠療法，是爲了治療而連續服用三個月左右的避孕藥。

但是，服用避孕藥期間所產生的月經並非排卵造成，乃是因包含於避孕藥內的荷爾蒙劑藥的影響。換言之，卵巢並沒有發揮機能。因此，如果以自己的方便服用避孕藥而調整月經，恐怕會使功能已停滯的卵巢喪失機能，造成將來不孕的原因。

避孕藥服用四～五個月後應停止一～二個月，讓自己的卵巢發揮機能產生月經。同時請測量基礎體溫檢查是否排卵。

要提早來經時約十日間服用稍微多量的避孕藥，服用後的五天左右即會來潮。

忘記服用時僅只一天，在翌日服用兩份亦無妨。但是，忘記三天以上時，當天必須以其他方法避孕。如果忘記服用高達七日以上，應終止服用，等候下次月經完後再開始。

64 可利用藥物抑止嚴重腹痛嗎?

月經痛得無法忍受或必須用藥物止痛的人，我認爲應在早期到醫院檢查。雖然都是腹痛，然而腹部有各種器官，並無法得知起因於那個部位。正因爲如此，腹痛也是女性特有疾病的訊息，有時不僅是婦產科，必須看內科、外科做綜合的診斷才能判斷原因。到醫院檢查時，內科、外科有其共通之處，可以選擇一科受診，如果原因不明時，再到婦產科檢查找出疼痛的真正原因。

在受診時應具體地説明何時、如何疼痛及疼痛的部位。而且，如果疼痛之外還有腹瀉、嘔氣、發燒等症狀，也必須告知醫師。

至於腹痛的原因有許多種。舉其中一例，下腹部疼痛可能是膀胱炎或子宮肌腫、卵巢囊腫、附屬器炎、膀胱結石、卵巢、子宮癌、急性盲腸炎、腸閉塞、疝氣等疾病，狀況非常複雜。

絶對不可怠慢腹痛的症狀。

65 持續用藥物治療月經痛是否有礙？

每次月經痛即服用市販的鎮痛劑的人，常會擔心持續服用這類藥是否會變成習慣？若非劇烈疼痛只是偶而疼痛，可用鎮痛劑抑止，然而持續服用恐怕日後會失去效果。

據說月經痛隨著年齡增長而治癒，這一點確是事實。如果疼痛得必須躺臥病床或突然地疼痛加劇，極有可能是因疾病所造成的月經痛。必須到婦產科接受診察。也許隱藏著子宮肌腫或子宮內膜症等疾病。

到醫院檢查時最好攜帶基礎體溫表。是否疾病？原因爲何？可立即得到答案。如果沒有發現必須治療的疾病，可以獲得醫師所開的配合自己體質的鎮痛劑。

如果是疾病以外的月經痛，儘量不要倚賴藥物。有時可能是討厭月經所造成的腹痛，因此，最重要的是保持心情的開朗。

66 月經痛可利用藥物治療?

月經來潮時感到劇烈地疼痛或頭痛、嘔氣、目眩、全身倦怠感等,隨著月經的開始或之前持續到月經期間的症狀,稱爲月經困難症。在大約五〇%的女性中可看見這類症狀。其中約有五~六%的人,在月經期間疼痛得必須躺臥於床或向學校、公司告假。

原因有許多種。譬如,所謂機能性月經困難症雖然在內診的診察中並沒有發現異常,卻因自律神經障礙或子宮肌肉痙攣而造成,同時,還有所謂的器質性困難症。這是指發現子宮內膜症或子宮肌腫等病變。因此,根據原因而有不同的治療法。有些可利用漢藥或荷爾蒙療法,而使症狀轉好,有些則必須動手術。我認爲輕易地持續服用鎮痛劑應考慮。不僅會失去效果,恐怕會演變成難以挽回的事態。

月經痛嚴重時,還是必須到婦產科做檢查。

67 隔月來月經有無問題?

有些人的月經是兩個月一次。有些人因週期固定而不放在心上。其實兩個月一次月經並不正常。我認爲應該到醫院做確實的檢查。

月經週期間隔三十五日以上，稱爲稀發月經。其中又分四十日型、四十五日型、六十日型……以一定的週期來潮及不定期的月經一年只來三、四次，原因可能是卵巢機能不良、子宮有問題。而糟糕的是，其中往往有無排卵的月經，這會造成妊娠的障礙。

四十日型也有排卵的人，如果是六十日型多半排卵不正常。相反地，週期太短只有二十日上下，也往往是無排卵。

因此，請測量基礎體溫確定排卵的有無。有排卵時在月經中的低溫期後會出現高溫期，持續約十四天的高溫期。這是因爲排卵之後體溫會稍微上升。

68 不正常出血難以治療嗎?

有些人月經期長達十天左右。

這種女性我認為應該到婦產科做檢查,以證實是否有子宮肌腫、頸管瘜肉等造成不正常出血的疾病。

其次,請測量基礎體溫。不正常出血的原因可能是機能性出血。雖然子宮方面並無病變卻因荷爾蒙失調,而產生不正常出血,這也是造成不正常出血的最大因素。由於這個原因使得排卵不正常、月經週期不穩定、一次月經拖拖拉拉不停。相反地,排卵之後因荷爾蒙失調,從基礎體溫的高溫期後半開始出現拖拖拉拉的出血,到了低溫期才真正地來潮。

疲勞過度或有煩惱時,常出現這種情況,因此,應留意充份的睡眠及適度的運動以及營養的飲食。

因荷爾蒙失常所造成的出血,多半在一段時間之後會治療,請不必擔心。

69 一個月來三次月經是否有問題？

因月經不順使得月經週期少於二十二日時，造成一個月來二、三次月經，稱爲頻發月經。原因可能是無排卵造成的不正常出血，或雖然有排卵卻因排卵後黃體荷爾蒙量過少，使得週期變短。

記錄基礎體溫多少可以掌握原因。

如果持續月經中的低溫期，在排卵後有十四日的高溫期並不必太在意，然而毫無規則性顯得斷斷續續，不僅排卵不正常即使具有週期性的月經也有問題。也許一個月來二、三次月經的人並沒有十四天的高溫期。總而言之，確實登記基礎體溫，到醫院檢查時一併帶過去。

這個問題絕對不可任由它去。

從基礎體溫瞭解身體的週期

70 月經不順的人老化得快?

有人問:「是否月經不順的人老得快?更年期提早因而老得快嗎?」

多數有月經遲緩或不來等症狀持續反覆的人,都是排卵不正常,亦即卵巢機能失去正常運作。

如果置之不理卵巢機能會漸漸衰微,恐怕將來會造成不孕症。不僅如此,由於卵巢機能減弱荷爾蒙失調,年輕時即出現類似更年期的症狀。

雖然統稱月經不順卻有因人而異的情況。如果原因是出在精神壓力,過一段時間也可能自然療癒。另外,從初潮之後的一年左右,即使月經不順也會慢慢恢復正常。

除此之外,如果月經持續數個月不順,最好還是測量基礎體溫,到婦產科詢問醫師。

71 月經週期不順也能生育嗎？

若要有規則而週期性的月經，視床下部、腦下垂體、卵巢、子宮等必須有正常的機能。若有任何一項出現問題，則呈現異常的週期。

月經不順的原因的確是卵巢等機能不全或發育不全，然而有不少的原因是出在腦部。另外，因壓力或環境變化，也會造成無月經或月經障礙。

月經是女性健康狀況的指標，請務必重視之。

至於月經週期不一定的女性是否能生育的問題，首先必須知道排卵是否正常。測量基礎體溫如果排卵正常時，會有數日的低溫期，排卵後則變成高溫期。高溫期持續約十四日左右，如果月經前約有十四日的高溫期，表示排卵正常，當然可以生育。週期是四十日也一樣。只不過低溫期較長約有二十六日。假如不清楚體溫是否呈二相性，最好拿體溫表找婦產科醫師診察。

72 不規則的生理會造成不孕症嗎？

月經期間超過三十五日以上，稱爲稀發月經，原因幾乎是荷爾蒙分泌異常或無排卵所造成。

如果有排卵問題並不嚴重，不可棄之不顧。長期持續這樣的狀態使得月經週期越延越長時，變成無月經或將來因不孕而煩惱的可能性相當高。

對月經週期感到不安的人，應立即測量基礎體溫，測定一～二個月後帶著體溫表到婦產科檢查。只要做適切的處置，即使有些必須花費較長的時間，也可以慢慢地回復較平均週期的月經。而排卵也會變得正常。

顧慮未來的生產最好在婚前即開始治療，免得婚後的慌張。這絶非疾病不要感到不安，以輕鬆的心情接受診察吧。基礎體溫是瞭解身體狀況的指標，希望藉此機會養成測量基礎體溫的習慣。不論已婚或未婚都應登記基礎體溫。

73 持續十天的月經有無問題？

有些人月經末期少量出血，拖拖拉拉持續十天左右。這種人首先應確認自己的月經週期。也許排卵並不正常。如果排卵不正常會造成月經不順，而月經來潮時會拖拖拉拉延續數日。

另外，即使有排卵因荷爾蒙失調，從月經的一星期前開始出現茶褐色的分泌物，隨後才開始真正的月經。

像這種和荷爾蒙有關的出血，光靠一次的診察並無法清楚地掌握原因，因此必須參考基礎體溫。持續二～三個月確實地測量基礎體溫後，拿著體溫表到婦產科受診。此外，如果是子宮肌腫也有可能使月經拉長。

因疲勞或有精神方面的煩惱，也有可能造成荷爾蒙失調。最重要的是有充份的睡眠時間、適度運動及留意營養的飲食並放鬆自己。留意這些的生活並測量基礎體溫，對健康非常有益。

不來、遲來、不順…擔心不已

月經是由腦分泌的荷爾蒙所控制。因此，受到精神壓力或重大打擊的影響會造成月經提早或遲緩。

狀　況	可能的疾病	棄之不顧
經過39日以上才來月經	**稀發月經**	週期越延越長時容易成不孕。也可能變成無月經。
22日以內會有月經。一個月內有2～3次月經	**頻發月經**	多半是無排卵，因而可能難以懷孕
16歲以上才見初潮	**遲發月經**	可能會持續無月經的情況，請注意。如果16～17歲尚無月經必須特別注意。
從未有月經（原發性無月經）。妊娠後不再有月經。因壓力或減肥而造成無月經（續發性無月經）。	**無月經**	長期下來會減低卵巢機能、破壞其功能。
月經血多而有些許血塊	**過多月經**	多量出血而造成頭痛、貧血、目眩等症狀。
月經血少	**過少月經**	可能是子宮發育不全或無排卵。

74 使內褲污穢的分泌物有無問題？

有許多女性因分泌物多而煩惱。如果忘記墊衛生棉分泌物則會透過內褲時，乃是不正常的情況。也許是感染膣炎，必須注意分泌物的味道、顏色、有無疼痛或搔癢感等。

譬如，大量的分泌物又有搔癢感時，可能是坎吉他膣炎（candidiasis）或毛滴蟲膣炎。無惡臭呈白色豆腐渣狀的分泌物，也許是坎吉他膣炎，有惡臭顏色泛黃起泡沫的分泌物，則是毛滴蟲。

另外，綠或茶褐色的分泌物增多、外陰部紅腫糜爛，原因是非特異性膣炎。治療法因原因而不同，請儘早到婦產科查明原因。約二星期即可治癒。不過，年輕人中有人是因子宮膣部糜爛而造成分泌物增多。這並非疾病，如果在意還是請教醫師。當然，在排卵日前後分泌物也會增多。在味道方面只要不刺鼻就無所謂。

75 分泌物在生理前後是否不同？

「生理前後分泌物會不會產生變化？」「那些分泌物屬於異常？」這也是女性們對分泌物常有的疑問。

分泌物經常在月經前後產生變化。月經前分泌物帶黃色又有強烈氣味，而在月經後變得乾淨……。

這因爲即使月經前感染雜菌等細菌性膣炎，月經來潮後會洗淨這些雜菌的緣故。除此之外，排卵前後分泌物也有變化。排卵期的分泌物較爲黏稠，可伸展十公分左右，排卵期外的較爲清爽只能拉長一公分左右。

至於分泌物的量及顏色多少有個人差異，而正常的分泌物屬於弱酸性，有時帶有甘甜的味道。顏色是白色或略帶米黃色。衛生紙上所沾的分泌物若是這個顏色，則無問題。

必須治療的情況是膣部疼痛，或强烈的搔癢感、刺鼻的味道或沾有血跡。出現這類症狀而感到不安時，最好到婦產科檢查。

76 生理前便秘、生理後腹瀉是否疾病？

常有人擔心地問：「生理前便秘而生理後腹瀉，我的肚子是否有問題？」

月經和自律神經有密切關係，上述的變化可能是自律神經產生一點障礙，造成腸機能的變化。

據說由於月經前的高溫期處於一種僞妊娠狀態，也有可能造成便秘。因爲，妊娠期間身體容易浮腫，常失去水份而影響排便，這是僞妊娠所造成的。

相反地，月經來潮時腸內會放出多餘的水份，因而可能造成腹瀉。同時，有一說認爲子宮內膜症和月經期中的腹瀉也有關係。

又有人說月經前會腹瀉，月經後會便秘。

誠如上述的各種說法，每種情況各不相同。但是，這些都不是「異常」。

77 生理前身體總覺得不適是否疾病？

有許多人在月經前總覺得不適或莫名地感到焦躁、易怒、頭痛或腹痛，這乃是所謂的月經前緊張症。

所謂月經前緊張症是，在月經開始的一星期前有各種不快的症狀。譬如，頭痛或腹痛、噁心、嘔氣、乳頭碰觸內衣感到疼痛、頭昏腦脹或手腳冰冷、全身浮腫或便秘、腹瀉、心浮氣躁或興奮、易怒等，在月經來潮時不知不覺中，這些症狀即消失無蹤。

究其原因有荷爾蒙之說或自律神經之說等，目前尚無確證。

但是，最近利用利尿劑的脱水療法或荷爾蒙療法、精神療法、漢方療法等確實能達到相當的效果。

覺得不放心的人不妨到婦產科檢查？這乃是多數女性常見的症狀，不必擔心。

78 異於平常的出血要不要緊？

月經期間有時會排出血塊，有人因此懷疑是否和平常的出血不同，其實一點也不必擔心。月經期間子宮內膜和血液，因氧氣的作用而溶解成液狀排出。但是，在月經的第二天或第三天等出血量較多時候氧氣機能來不及分解，因而多少混雜著血塊流出。

偶而出現血塊不必擔心，然而排出大量血塊時，即有可能是子宮肌腫或子宮內膜炎。

如果發現和平常月經出血不同時，最好到婦產科做檢查。

排血量多的月經期出現血塊不必擔心

79 生理會傳染給他人？

「我們幾個女孩一起去旅行，結果四個人都來月經。而我根本不是預定日……。」有這種經驗的人不少吧。這是精神上的連鎖反應，也許是無排卵月經，卻經常發生。月經週期並不只因卵巢或子宮內膜而成立。它和腦或腦下垂體也有密切關係，根據以下的體系而決定月經來潮。

①根據腦的視床下部所傳達的命令，從下垂體前葉分泌卵胞刺激荷爾蒙。結果卵巢的卵胞發育而分泌卵胞荷爾蒙。

②由於卵胞荷爾蒙對視床下部的反刺激，使得視床下部命令下垂體前葉分泌黃體化荷爾蒙，產生排卵。

③排卵的卵胞形成黃體，分泌黃體荷爾蒙。

④沒有受精時會停止黃體和黃體荷爾蒙的分泌，而出現月經。

⑤腦再次受到反刺激而下達①的命令，如此週期性地反覆月經。

換言之，受到精神上壓力或生活環境變化的精神面刺激的腦，在命令系統上會造成突變，而改變月經週期。

80 有性經驗的人裝衛生棉球不痛？

多數有性經驗卻煩惱無法使用衛生棉球的人，我認爲慢慢自然會習慣。這些人裝衛生棉球感到疼痛，也許是觀念上的疼痛吧？

衛生棉球有插入外筒後，再按內筒裝入衛生棉球的推壓型，把細棒插進衛生棉球再進入膣內的細棒型，在食指上裝指套用指頭推入的手指型等三種。而任何一種都比勃起的陰莖來得小。插入時可試著採取單腳踩在椅子上用單隻手打開膣口，以方便插入的姿勢。

如果有疼痛的先入觀，不知不覺中會縮緊膝蓋。如此一來無法使膣口張開，這時硬要把衛生棉球塞進不打開的膣口時，反而會產生疼痛。斷然地打開膝蓋，一邊吐氣一邊用指尖推開小陰唇。也可塗抹膠質以方便插入。首次使用者可以利用方便插入的推壓式衛生棉球，然而我認爲並不一定要使用衛生棉球。

81 無法消除生理期的味道嗎？

有些人非常在意生理期間的味道，經常使用脫臭噴霧或購買添加有脫臭劑的衛生棉。其實旁人並無所覺，是自己引以爲意罷了。

月經期間的味道多半源自血液的腥臭味。任何人多少有這種味道，而且不可能消失。

若要盡量減輕這個味道，最好的方法乃是勤快地更換衛生棉或衛生棉球。穿著通氣佳不會造成濕疹的內褲或利用洗澡、沐浴保持清潔，也是方法之一。

當然，也可以使用脫臭噴霧或古龍水，然而直接塗抹在肌膚上恐怕會造成紅腫，這一點務必留意。

月經期間的保持清潔是防止味道的最好方法！

82 膠卷殺精劑是令人不安的避孕法？

利用膠卷狀殺精劑避孕，是將具有殺精子作用的膠卷狀避孕器插入膣內的方法。女性可以主動做避孕工作又無異物感，因而使用者不少。

最好在性行爲前（也包含前戲）開始使用。因爲，五～七分之後才會發揮效果，如果性行爲途中插入膠卷，會因性刺激所分泌的膣內黏液而溶化，有時也無法放置在正確的位置。

插入法是將膠卷折二～三回放在乾燥的食指前端伸入膣內。插入一回有兩個鐘頭的效果，一次性交（每次射精）用一枚。

更換體位時雖然不會造成問題，然而拔出陰莖多半會跟著出來，最好再放進一枚膠卷。使用後會呈泡沫排出，並不會造成任何傷害請安心使用。

在藥局有出售這種膠卷。十片一包約日幣二〇〇〇圓左右。如果光靠這個避孕法仍然不安，可併用保險套或避孕環，我認爲一次使用兩枚也不失爲妙案。

使用過多是否會造成不孕？

有些人對於使用太多避孕用膠卷是否對身體不好？每月使用具有殺害精子功能的避孕膠卷，是否會造成日後無法生育的危險？

避孕膠卷中所含的是具有殺死精子的藥。如果大量蓄積在體內則難以斷言對身體無害。雖然不會從子宮口吸收到體內，確可能從膣壁吸收。

如果是一般使用的藥量倒不必擔心。一般的藥物在大量出售之前一定會做臨床實驗。我認爲即使每天使用，應該不會發生問題。

用避孕藥膠卷卻失敗？

用避孕膠卷避孕卻懷孕，不無可能。這時當然令人擔心失敗的原因或對胎兒的影響。

首先來談原因。裝入膠卷之後到射精之前經過了多少分鐘？如前述膠卷是在插入之後五～七分之後才發揮效果。同時，是否插到膣部的最裡側？如果插入的位置接近膣口，則膠卷的溶液無法到達子宮附近，因此無法產生避孕效果。同時，放進一枚膠卷做數次性交也不行

使用法錯誤可能使避孕效果變成零。
使用前請仔細閱讀說明書。

。必須仔細地閱讀使用時的說明書。

另外，避孕膠卷會殺死精子卻不會造成精子畸形。因此，不會因避孕膠卷造成嬰兒的影響。

使用避孕膠卷而懷孕，是未被殺死的精子受精而已，和一般的懷孕沒有兩樣。擔心是多餘的，可安心地生下孩子。

83

避孕藥錠危險重重?

使用避孕藥錠避孕的女性，在性交完後會分泌出水樣的液體，有些人不知道這種現象是否表示沒有避孕效果，或插入法不當所造成而感到不安。

這種現象並不必擔心。性交後所分泌的水樣液體可能是男方的精液或女方膣部的分泌物。這是和避孕藥無關的分泌物，也非疾病所造成。

避孕藥錠放進膣內經過三~五分溶解後，才會發揮避孕效果。有效時間是三十分鐘~一個鐘頭。如果性交時間拉長，必須再放進一顆藥錠。

其放進法是，在放進藥物時首先將藥放在食指指尖上。身體放鬆，呼出氣來，把手指伸入膣中。如果沒有把藥放進膣部深處，使用時往往會失敗。

利用藥的避孕成功率並不高。最好併用其他的方法。

84 胸部有小硬塊是否乳癌？

發現乳房上有乒乓球大的硬塊時，似乎多數人會懷疑是否乳癌。但是，光憑這一點並無法斷定，必須實際做診察。乳房上的硬塊有癌等惡性瘤或纖維腫、囊胞、乳腺炎等良性瘤。

譬如，四十歲以後容易染患的乳腺炎，會有兩個以上的圓型硬塊，下壓時會稍微移動。而思春期到二十年代常見的乳腺線纖維腺腫一般有一個硬塊，觸摸時常會移動。有時也會有乒乓球大的硬塊，也可能同時出現二～三個。

如果是乳癌，硬塊的表面呈凹凸狀。

另外，平時的自我檢查也非常重要。自我檢查有助於疾病的早期發現。請務必養成習慣。

如何檢查乳癌

養成月經後自我檢查乳癌的習慣

以下針對乳癌的自我檢查法作一番說明。月經完後最適合做自我檢查。

方法是站在鏡前雙手下垂，觀察左右乳房的形狀或顏色變化。注意看是否有凹陷或皮膚的痙攣、乳頭凹痕等。

其次，仰躺將手貼靠在乳房，依反時鐘方向從乳暈往外側觸摸。要領是用指腹徐緩地檢視。左右乳房檢查完畢後觸摸腋下檢查淋巴腺是否腫脹。

即使有硬塊也不見得是乳癌，如果找到令人擔憂的硬塊，即使不大也必須接受醫師的診察。

85 乳頭凹陷是否疾病？

我的乳頭和別人不同，呈凹陷狀，我本以爲長大成人後會凸出來，然而一年一年地長大仍然凹陷，是否異常呢？我真不好意思和男性交往……。有不少女性因爲乳頭凹陷而逕自煩惱又不敢告知他人。甚至擔心將來生育兒女無法餵母奶等等。

乳頭凹陷是所謂的「陷没乳頭」，並非疾病。如果不做診察並不知凹的程度如何，一般在淋浴時對乳頭做拉拔的按摩自然就會露出。另外，性交時的刺激也會使乳頭發達而露出。因此，不必擔心，只要在沐浴時勤加按摩即可改善。

同時，懷孕後多半即痊癒。乳頭會露出，可以授乳。即使不露出產後多半也會治癒。因爲，嬰兒吸吮乳汁的力量非常强。

86 乳頭有四個是否異常的疾病？

「我有四個乳房。」

一名神情頹喪的女子到我的診所開口就這麼說。但是，請放心這乃是副乳。副乳是人原本是動物的（目前也是動物的一種……）進化象徵。哺乳動物中乳房有兩個以上的動物非常多，唯獨人類只剩左右兩個乳房，其餘的已退化無存。但是有些人會留下彷彿疣一樣的記號，或因色素沈澱而呈現出來。因爲，人在胎兒期也會看到多數的乳腺。在出生時只剩下本來的乳房而其餘已退化，只有少數人没有退化完全而成爲副乳。

發覺人體有副乳的存在多半是在生產之後。有些人隨著本來乳房的鼓脹在腋下也有同樣的腫脹。多數人原本以爲是淋巴腺腫—結果發現是副乳。像這種情況不必太在意，只要冷敷三～四天多半會凹陷回去。這並非疾病，千萬不要因此而意氣消沈。

87 胸部左右大小不同是否異常?

有些女性因胸部左右大小不同而考慮動手術。從結論而言，最好的方法乃任由他去。任何人左右乳房都不對稱。似乎有些人因大小出入甚多而煩惱，其中甚至有差距在兩倍左右。但是，這些都不是異常而時有所見，即使差距甚大一點也不足爲奇。

一般左側的乳房似乎都較大。因爲，慣用右手的男性如果常愛撫，自然左側乳房會受到較大的刺激。換言之，因性生活的刺激乳房也會變大。如果有情人不妨要求對方在較小的乳房上多做刺激。如此可以多少消除左右大小的不同。

另外，乳房也會因懷孕、生產而變大，手術並非將大的乳房變小，是使小的變大。手術是在乳房內加入矽樹脂（silione）。然而矽樹脂的安全性正在重新檢討中，我認爲應避免較爲妥當。在美國因其致癌性而受到禁止。

88 乳頭上長毛是否異常？

「我的乳頭上長有一根長毛，我覺得羞恥想拔掉，會不會造成問題？如果留下痕跡或發生其他併發症就糟了……。」

其實乳頭上長黑而粗的毛是常有的事。並非有何異常。

如果在意也莫可奈何。量不多拔掉也無妨。不過，拔掉之後不久還會長出來。

一旦長毛即拔毛也相當麻煩。而且，乳房對女性而言是非常重要的器官，盡可能避免給予太强的刺激。頂多只用剪刀剪除。

乳房不要給予太強的刺激

89 婦產科的診察麻煩又恐怖？

不少人月經期冗長想到婦產科診察卻不知如何診察，又聽到各種傳説而裹足不前。因此，在此爲各位介紹一般婦產科的診療方法。

首先，用膣鏡觀察膣内是否異常。其次，用一、二根指頭插入膣内，再與放置在腹部上的手檢查子宮或卵巢是否變大。並調查壓痛（壓時是否疼痛）的有無。

此外，還有所謂的超音波檢查，將超音波放置在腹部上方（和X光不同，做數回也無危險）調查腹腔内的狀態。

在膣内放膣鏡或伸入手指似乎令人不安，其實膣鏡非常小，不正常出血或有膣炎時，必須做這類檢查。不過，只是觀察卵巢或子宮用超音波檢查就足夠了。至於病名只要不要求書寫診斷書或使用公司的醫療補助，絶對可保守秘密。

90 懷孕後一概不能飲酒或抽煙？

平時有抽煙或喝酒的人，懷孕時非常在意對嬰兒的影響，這一點不必太擔心。酒或香煙不會立即造成嬰兒異常。如果只是少量爲之應該不會影響。只要今後小心即可。

不過，任何事物都有其程度。以酒爲例，喝食前酒或睡前酒並不會有問題，然而接近酒精中毒的豪飲又另當別論。嗜酒可能會使出生的嬰兒體重過小，或出現先天性酒精症候群的障礙。同時，因喝酒而熬夜或變成營養不足、精神不安定時，對嬰兒都會造成麻煩。

至於香煙……。抽煙時尼古丁會使胎盤的血管收縮，無法充份地供給嬰兒營養或氧氣。同時，含有一氧化碳的血液會流到嬰兒體內妨礙其發育。因此，抽煙者比不抽煙的人較易生育體重太輕的嬰兒或早產兒。

91 妊娠判定藥足以信賴嗎？

最近可以從藥局輕易購得妊娠判定藥，不過，如果做法不當多半會出現不正當的結果。而且，檢查時間太早即使懷孕也會出現陰性——沒有懷孕的結果。

因爲，即使使用精度極高的判定藥，在排卵後的一星期或十天後的檢查，並無法正確地判定。這一點在醫院也是一樣。兩個星期後如果沒有再接受檢查，並無法瞭解確實的事實。因此，即使判定藥出現陰性也難以放心。最重要的是，出現陰性的次日開始測量基礎體溫。請持續測量兩個禮拜。如果這個過程中月經來潮則無問題。另外，如果是低溫期而月經遲來時，乃是排卵的誤時，到婦產科注射後，一星期或十天左右即會產生月經。問題是處於高溫期而月經遲遲不來的情況。這時懷孕的可能性相當高，必須再做一次檢查。

而有些人原本沒有懷孕卻認爲是懷孕，於是性交時不再刻意避孕，結果因而懷孕。

92 是否有容易染患婦女病的體質？

婦女病是發生在自己難以看見又羞於向他人啓口的部位。因此，尤其是年輕女性，對於難以療癒或經常染患的疾病，多半會牽腸掛肚。

有一名女性意氣消沈的問我：「這半年來持續染患膣炎、膀胱炎，目前正在治療坎吉他膣炎。爲什麼反覆數次染患婦女科的疾病呢？聽醫師說也有人的體質較易染患婦女科疾病……。」

的確在體質上有些人對雜菌的抗力較强，有些人則較弱。但是，多半是有其另外的原因。譬如，性交時身體不潔造成感染、身體失調對細菌的抗力減弱、膣部的自淨作用減低等等。

提這個問題的女性，我認爲並非體質的問題，可能是身體失調或多量攝取膣病的抗生物質而造成的。最好到醫院做確實的檢查。

93 婚前檢查是性病的檢查?

不久將結婚的女性常會問起「婚前檢查」的問題。

婚前檢查一般人都以為是性病的血液檢查，事實不然。簡單地說乃是健康檢查。不過，和公司或學校所辦的健康檢查有點不同。其特徵是包含有婦科的特殊檢查，如果發現問題還會進行注射疫苗等的治療。

檢查內容如下。①心臟、血管等的檢查（心電圖或血壓測定等的檢查），②肺部檢查（胸部X光），③尿檢查（蛋白質、糖值檢查），④血液檢查（ABO式和Rh式的血液型檢查、風疹抗體價檢查、B型肝炎濾過性病毒檢查、梅毒血清反應、血沈、貧血檢查等），⑤妊娠能力檢查（女性是排卵、男性是精液檢查、子宮卵巢超音波檢查等），⑥此外還有婚前檢查或以前染患的疾病檢查、遺傳洽談等。上述的檢查並非全部必要，不過，建議各位最好做血液和貧血、肝臟有無異常的健康檢查。

94 嚴重的貧血只能放棄生育？

多數因貧血而煩惱的女性乃是屬於鐵質缺乏性貧血。月經量較多者、減肥者、飲食生活不正常者常見。而日常做激烈運動的人也有貧血的跡象。

除了運動貧血的人之外，多半利用飲食療法即可治癒。月經較多者可能還有其他原因，最好到婦產科做檢查。

而懷孕時多數人會染患鐵質缺乏性貧血。因此，貧血的人症狀會變得嚴重。雖然情況不多，然而貧血太嚴重時，可能會造成胎兒太小或對產後回復有不良影響。最好提早治療。

一般是使用鐵劑來治療，不過，切忌攝取過量。因爲，有時可能造成胃腸障礙或產生腹痛、腹瀉等症狀。

最好的辦法是，平常注意多攝取含鐵質的食物。請儘量食用豬肝、菠菜、小松菜、芹菜、紫蘇葉、海苔、貝類、羊肉等。

95 自己無法判斷是否懷孕嗎？

以下簡單的說明從懷孕開始身體所產生的變化或症狀。

月經持續兩星期以上未來時，即有可能已經懷孕。相反地，懷孕後也有可能在月經預定日左右出血，這是受精卵在子宮壁著床造成的出血。且量少而日數短應可分辨出來。

另外，會有乳房腫脹、腹部鼓脹、嘔氣、嘔吐、乳白色分泌物增多、頻尿、便秘、腰部沈重等身體各部出現微妙的變化。

這時最確實的是，確認嬰兒存在或妊娠反應上的陽性（已懷孕）。不要自己判斷是否懷孕而到婦產科檢查。

如果平時有登記基礎體溫的人，可以從體溫表上瞭解已經懷孕。女性的體溫在排卵後，會多量分泌女性荷爾蒙之一的普洛格斯特絨，在基礎體溫表上也呈急速上升的高溫相。

如果沒有懷孕，在兩個星期左右的高溫期後會回到低溫期而來月經。懷孕時高溫期將持續十二週～十六週。

96 生產預定日從性交當日算起？

在醫院檢查被診斷是懷孕三個月的人，慌張地詢問生產預定日的計算法。到底該如何生產預定日呢？

懷孕是以最後月經開始的第一日算起。若要以科學的方法做準確的妊娠日數計算，應該從受精當天算起，然而事實上無法清楚地從外觀看出是何時受精。而且，精子與卵結合著床在子宮內膜表面，以及受精成立距離精子與卵結合已經過約二星期。因此，從最後月經的第一天開始算妊娠日數較方便。

更正確的說，是把排卵日當作妊娠的第二週。生產預定日是以最後月經的第一天開始算起，假定第二八一天爲生產的日子，而把排卵日當成妊娠第二週來計算時，月經週期是二十八日和四十日的人在預定日上有多少的差異。換言之，四十日週期的人排卵延遲約十二日，因此，預定日也在十二日後。不過，預定日只是預測並非絕對的日子。

97 如果沒有異常孕婦的工作可以持續到生產之前嗎？

結婚後立即想要生育孩子的人最好事先預算生產費用，將花多少錢或工作可持續到懷孕幾個月份。

生產費用因醫院而不同，平均約日幣三〇～四〇萬圓。但是，有些醫院只花二十萬圓上下，相反地也有高達一〇〇萬圓。因此，無法訂出價格乃是事實。

生產之前的費用每個月約一萬圓左右，再加上定期檢查費用，大約要十萬圓以上。如果考慮到嬰兒的衣服、尿片、奶瓶及牛奶等生產後的用品，也許還必須加上五～十萬圓。

如果只考慮分娩費＋住院費，不論是以最少的二十萬圓或最貴的一〇〇萬圓生產，日後都會由健康保險（或勞、公保）補助將近二十萬圓的生產費，因而多少減輕實際的花費。

至於工作因職種而有不同，一般是九個月之前爲上限。當然也有特殊的例子，最好是根據個人的身體狀況及職種來決定。

98 懷孕之前不可治療疾病嗎？

尚未決定婚期又渴望立即有孩子的女性，詢問是否應該在婚前治癒疾病。這名女性從前曾經診斷腎臟不太好而感到擔憂。

如果有疾病應立即治療。最普遍的是蛀牙，懷孕期間不僅比平常容易染患蛀牙，而且較難以作大規模的治療。同時，梅毒、淋病等性病當然對胎兒造成影響，對當事者也會產生重大症狀。本來在妊娠初期就會利用血液檢查是否有梅毒……。至於容易造成流產或早產的肺結核也不可疏忽。有時可能使胎兒感染結核菌。

像這位女性腎臟不好很容易染患妊娠中毒病，生產後腎機能也會減弱。雖然不必小題大做，最好還是確實地做檢查。

而任何疾病如果沒有自覺症狀，則不必過於神經質。

99 想生孩子就可以生嗎？

一位二十三歲的女性問我：「今年秋天決定結婚，暫時渴望享受夫妻兩人的生活。不過，總有一天會想要生孩子，是否有最適合懷孕的年齡呢？生育最好在幾歲之前？我希望在二十七、二十八之前不要生育，是否會造成問題？而隨著年齡的增長會有那些影響？」

的確，最好在三十歲以前生個孩子。

懷孕、生產多少和體力及女性的身體成熟度有關。雖然十年代或三十年代並非絕不可生育，然而若以十年代的生產爲例，雖然體力上可能不造成問題，然而身體方面多半尚未成熟到足以懷孕、生產。

相反地，隨著年齡的增長有時可能難以受孕。而懷孕後胎兒變成唐氏症的結果會隨著年齡的比率而增高（有關唐氏症請參照二一三頁）。同時，懷孕期間較容易產生高血壓或糖尿病等併發症，也容易染患妊娠中毒症而拉長分娩時間。且生產後的育兒隨著年紀的增長會成爲較大的負擔。

初產的年齡最重要是配合體力及身體成熟度

綜合以上的分析，最理想是第一個孩子在二十年代中期生育，在三十年代前半之前終止生育兒女的計劃。以這個例子而言，如果是二十三歲的女性倒可以訂定較理想的生產計劃。生產的間隔最好是二～三年。

目前是以二十五歲作爲高齡初產的界限，當然，即使是高齡初產也有多數人能生下健康寶寶。

100 未成年的墮胎輕易可行嗎?

十七歲的少女所提的問題。

「我似乎懷孕了，既不能生育又不能找父母商量。我希望在父母不知情下想辨法解決，未成年人碰到這類問題會如何呢?事實上對方的態度也不明確。」

碰到這類狀況最好先到婦產科檢查是否已經懷孕。即使沒有檢查出妊娠反應，也必須等待再一次月經，以確定是否真的沒有懷孕。

如果已經懷孕，在父母不知情下動墮胎手術是不可能的。因爲，未成年人墮胎時多數的婦產科會要求監護人的同意。更何況不清楚對方是誰。當然，也需要性交男性的同意書，如果真的不明究理時請和婦產科的醫師商量。

總而言之，必須先找母親商量決定今後的方針。

至於醫院的選擇必須標記有「優生保健法指定醫院」的設施，若非值得信賴的設備和技術在手術後恐怕會留下不安。

未成年人的墮胎必須有父母的同意書。
儘早和身邊的成年人商量。

的確，早期的墮胎手術短時間即完成，也不必長久住院。但是，以摸索的方式刮出子宮內的胎兒也有可能使子宮留下破洞或造成嚴重的出血。

至於手術後的靜養也必須有人照顧，所以，請鼓起勇氣找父母商量。

同時，此後應確實的避孕，以避免類似的情況發生。

101 妊娠中的性交對身體不好？

一般人對於妊娠中的性交總會變得神經質，其實性交亦無妨。但是，絕對不可過於激烈。諸如將陰莖深入膣內或壓迫腹部等。尤其應避免後背位、騎乘位、屈曲位等體位。後背位的結合深，女性必須彎曲身體凸出臀部而壓迫到腹部，而騎乘位的結合也深，對子宮的刺激太强。至於屈曲位除了結合深之外，女性應抬起雙腳而腹部受到强烈的擠壓。請儘量小心行事，並留意清潔以預防細菌的感染。同時，希望能嚴守妊娠各期的注意點。

妊娠初期恐怕有流產的危險，因而次數儘量減少，插入放淺爲最佳。腹部凸出之後最好避免壓迫腹部的體位。

進入妊娠後期時，一點刺激都可能造成子宮收縮而演變成破水，因此，這個時期最好避免性交。

102 腰部衰弱無法生育？

有關妊娠、生產有各種的傳言，令人感到不安的因素也有許多。在此介紹其中數項。

一位患有慢性腰痛的女性說：「腰部衰弱是否不能生育？」她是因聽旁人說腰部不壯恐怕無法生育，擔心腰部疾病是否會造成影響，詢問是否該到醫院檢查……。

腰痛並不會因而不能生育。

只不過可能因婦女科的疾病造成腰痛。譬如，子宮內膜症所增殖的子宮內膜癒著在子宮外圍時或子宮、卵巢長了腫瘍而變大時，這些都可能刺激骨盤而造成腰痛。

如果到整型外科診察而不明原因，可能患有上述的疾病。最好到婦產科再作一次檢查。

至於難產中所謂的「軟產道」乃是膣壁附近的肌肉過多使得產道變窄，結果形成難產的狀況。

103 拉麻茲法的生產困難嗎?

有許多人前來詢問所謂的「拉麻茲法」。在此作簡單的說明。

有不少人以爲拉麻茲法是丈夫陪同生產的方法，這是錯誤的觀念。真正的拉麻茲法是指配合陣痛改變呼吸法，以緩和陣痛的緩痛分娩法。這是法國婦產科醫師拉麻茲根據精神預防性無痛分娩所考察出來的。

在生產前以及懷孕期間，要記得生產姿勢以及呼吸法、鬆弛法、六種體操。其中以呼吸法最重要，它可以說是緩和疼痛的關鍵。鬆弛法可以消除對生產的恐懼目的，是作自然的生產。當然，丈夫也可以陪同分娩，夫婦一起接受產前教育。

在此並無法詳盡說明，請到目前接受檢查的婦產科洽詢。否則也可以到指導生產的護理學校學習。不過，如果你預定生產的醫院設施並沒有用拉麻茲法，就難以利用這個方法生產了。

104 是否正確地選擇醫院？

經由妊娠檢查發現已經懷孕時，許多人會徬徨到底該選擇那家醫院生產或那些醫院應該放棄。有關這方面的洽詢也不少。

但是，很可惜的是，並沒有選擇醫院的基準。最重要的，乃是你自己本身是否能安心地把自己交給該醫院。

各位只要想想必可明白，只要是自己不想去的地方縱然別人如何勸解也裹足不前吧。

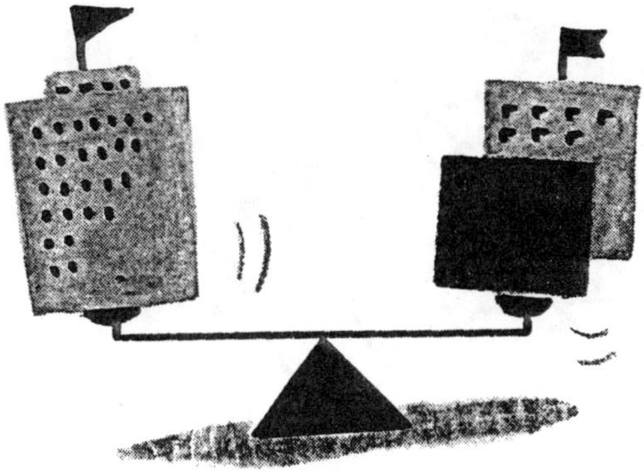

請選擇可以安心託付的醫院

105 懷孕當時的出血較多？

受精卵會在子宮著床。這時可能會有微量的出血。從受精到著床約有一星期～十天的過程。出血正好與月經預定日重疊時，有些人會誤以爲是月經，然而量少在二、三天即停止。

那麼，該如何區別懷孕時的出血和一般的月經呢？最好的方法乃是測量基礎體溫。如果是真正的月經時，體溫下降呈低溫期，而懷孕則是持續高溫期的狀態。

此外，有所謂的「切迫流產」也會有出血，子宮外孕或胞狀奇胎等異常妊娠也會出血。懷疑妊娠又出血時，最後儘早到婦產科檢查。

測量基準體溫以區別月經和出血的不同

106 從未聽聞的病名令人恐怖？

一名在公司得知婦科健診中被診斷是子宮後屈的女性，慌張地前來問我：「從未聽過這個病名，到底是什麼疾病？以後能否生產？」以下就針對子宮後屈作一番說明。

子宮的位置並非牢實地固定在某個部位。它是在具有彈性的韌帶的支持下而前後左右移動。

不過，多數人位於骨盆正中央的子宮會傾向恥骨側。這就是前屈。因此，後屈乃是往後傾斜的意思。雖然有程度上的差別，然而有三十～四十％的女性有這種現象。這絕非疾病。而且，懷孕後子宮變大時會慢慢地脹起，自然地治癒後屈的傾斜。可以放心不必擔憂。

不過，唯一不同的是，後屈的人比前屈者較容易產生月經痛。似乎不會造成不孕或流產的原因。

107

因性交傳染的疾病不多嗎？

感染之後，有些可立即治療，有些像愛滋病一樣，找不到決定性的治療法。

似乎有人以爲只有一晚的性交並不會感染對方的疾病，這個觀念有點天真。

性交所感染的疾病稱爲ＳＴＤ種類有許多。光是廣爲所知的就是愛滋病、梅毒、淋病、性器疱疹、克拉米吉亞（性病病原菌）、毛滴蟲膣炎等。

而上述的性病多半是在一次的性交即感染。當然，其中也有性交數次也不被感染，除了性交外，接吻、性器接吻、肛門性交或與血液的接觸也會感染。

因此，即使檢查出現陰性，也不可不使用保險套性交。以愛滋病爲例，數星期後才會出現陽性。所以，應該認爲是在四～五日前受到感染。

如果考慮到疾病的問題，應該對性行爲有更慎重的態度。

108 婦產科不可以使用健康保險？

並非任何疾病都可以使用健康保險，其中有些健康保險不能使用。

不能使用健康保險的原則是健康診斷或身體定期檢查等，以身體檢查爲目的的行爲。不包含在健康保險的治療或檢查（各自的醫療機構所考查出來的方式）都變成自費。此外，車禍或美容整型也不能使用健康保險。

基本上婦產科系除了檢查病態妊娠之外都不能使用保險。換言之，流產或子宮外孕、極有可能是胞狀奇胎等，依醫師的判斷必須進行妊娠反應測量時才可使用保險，通常妊娠～分娩過程的診察都不可使用。還有各種狀況，由於篇幅所限請直接到醫院洽詢。

至於費用方面大約有三～十倍的差異。但是，這也根據保險的種類或當事者、家人而不同，並不可一概而論。自費時請事先向醫院查詢。

109 只有一個卵巢能不能懷孕？

一名女性因卵巢腫脹被醫師診斷日後必須動手術摘除，於是擔心地前來洽詢卵巢摘取後是否不能生育的問題。

卵巢出現腫瘍的這位女性是屬於良性腫瘍，換言之是卵巢囊腫，因而醫師並不立即動手術，告知「目前保持原狀」。因爲，即使有卵巢囊腫只要腫脹的不大，多半不立即動手術。但是，囊腫變大時則另當別論。腫脹的卵巢會因其重量扭曲而造成莖捻轉，不僅會有劇烈的疼痛還必須把扭曲的卵巢全部摘除。同時腫脹的情況被懷疑極有可能是惡性時，也必須全部摘除（可能是卵巢癌）。

但是，即使全部摘除一邊的卵巢，只要留下另一邊的卵巢仍然可以生育。當然，如果只是摘取不良部份的手術，並不會有任何問題。總而言之，只要有一邊或一部份的卵巢即有排卵機能，同樣可以生下健康寶寶。

110 荷爾蒙可以治療肩酸嗎？

從事事務性工作時常有人因劇烈的腰酸疼痛感到煩惱。情況嚴重者甚至還會出現嘔氣、頭痛或目眩等症狀。

雖然荷爾蒙劑也能奏效，然而它只適用更年期障礙所造成的肩酸。年輕人多半是因肌肉疲勞或血液循環不良所造成，因而荷爾蒙劑不能產生效果。

頸到肩的肌肉必須支撐沈重的頭部，而且保持上半身直立的姿勢，自然容易疲勞。累積疲勞時肌肉內會蓄積疲勞物質。如此會破壞血液循環，使肌肉變硬產生疼痛。

預防、消除肩酸，是不要長時間保持同一個姿勢工作，偶而作擺動肩膀的柔軟體操鬆弛肌肉的疲勞。精神保持鬆弛也非常重要。

不過，如果持續嚴重的肩酸，必須到醫院檢查。因爲，有時可能是高血壓、視力障礙、內臟疾病所造成。

111 走路會疼痛的外反拇趾是否必須動手術？

腳拇趾往小指側彎曲，指根骨頭凸出的外反拇趾非常疼痛。直接的原因是不合腳的鞋子。鞋尖呈三角形的鞋子使腳趾集中到中央，硬把拇趾往小指側彎曲。而鞋根的高低也有關係。五cm和三cm鞋根中，五cm的鞋根壓在腳尖上的力道約三cm的兩倍強。鞋根越高腳尖越緊縮，變成嚴重的外反拇趾是理所當然。

因外反拇趾而煩惱者，最好到整型外科找醫師商量，最先決條件是改換鞋子。儘可能穿矮根鞋，鞋尖較寬廣的形狀。在腳底部份裝鞋墊讓指尖的頂點偏向拇趾側、腳根穩住。請以這些條件作爲選鞋子的基準。當然，也必須試穿。

另外，用較粗的橡皮圈套在雙腳的拇趾上作左右張開的運動。這可以使拇趾回復原來的外側位置。

手術約只有百分之一的程度。

112 緊身內衣對身體無害？

爲了保暖及預防體態變形，似乎有許多女性經常穿戴緊身內衣。這種情況最令人在意的是，緊身內衣對身體所造成的不良影響。

緊身內衣是緊緊地裹住身體的某一部份因而會阻礙血液暢通。其中最常見的是畏冷症。幾乎可以說是女性特有症狀的畏冷症，是血液循環不良所造成，因此，穿著緊身內衣反而會使症狀惡化。

同時，也容易長痔或便秘、下肢的靜脈瘤等。靜脈瘤是指血行變緩慢而造成瘀血，瘀血部份異常膨脹或凸起的情況。譬如，長時間從事站立的工作或不停地行走之後，小腿上部或腳跟外圍的靜脈會怒張而浮現藍黑色，覺得慵懶。一旦惡化，靜脈會變成栓而造成疼痛感的血栓性靜脈炎。渴望使自己變得更美的心情不難瞭解，然而最好不要勉强以物品來塑造。

113 雙腳浮腫是否只是疲勞的緣故？

從事跑外面工作或站立工作的女性，最常見的煩惱是「浮腫」。如果程度輕微倒不值得擔心，然而嚴重時恐怕會有失眠的情況發生。我認爲這也許是疲勞所造成。不論肌肉或精神都相當疲憊吧。不妨將腳部墊高來睡。也可以在澡堂按摩。

不過，如果情況相當嚴重，最好到內科作一次檢查。如果有腎臟方面的疾病，製造尿的功能會減弱，因而體內積蓄水份而造成身體浮腫。也有可能是肝臟方面的疾病所造成。最好還是作詳細的檢查較爲安心。

若是程度不嚴重的浮腫可試著抬高腳來睡

114 便秘難以治療嗎？

雖然患有嚴重的便秘卻不想吃藥——。如果是暫時的倒無所謂，而慢性持續性的便秘則應注意。治療必須先從通便開始。

請多量攝取纖維質多的食品，諸如山芋、牛蒡、海藻、芹、南瓜、蒟蒻、水果等，每天也必須確實吃早餐。多量攝取水份吧。養成早餐後排便的習慣，不要刻意忍耐便意。同時，也可以早上起床後喝冰牛奶或冰水、果汁等以刺激腸。

如果便秘非常嚴重時，不得已必須依賴瀉劑，不過，切忌過於依賴。習慣之後藥效會減半。

上廁所的時間越長下半身的瘀血越嚴重，有可能變成痔。痔可利用軟膏或座劑止疼，也必須利用腰浴或增加沐浴次數以通暢血行。同時不要忘了儘量避免造成瘀血的酒精或刺激的調味料！

115 遺尿是老化的緣故？

「分明已上了廁所卻因動一下身子或站起來，有突然泄尿的感覺，這難道是老化的緣故？」這種症狀稱為尿失禁。

失禁也有許多種類，稍微一動即泄尿的情況多半屬於腹壓性（緊張性）尿失禁。尿道或膀胱都正常，卻因尿道括約肌機能減弱而在腹部稍微施壓就泄尿。

中年以後的女性尤其是有生產經驗的女性，常見這類症狀，站立或奔跑、大笑、打噴嚏、咳嗽時或拿起重物時，就忍不住泄尿。

症狀輕微時可以憑著意志力在排尿的途中止尿，或利用强化位於骨盆的肌肉體操來治療。症狀嚴重時則必須服用藥物或動手術。不論那種情況最好到泌尿科檢查一下。

3

因為是女性更應留意

趕緊糾正對身體有害的方法

116 大腿根部的硬塊是否不良疾病？

「我的大腿根部長一個紅腫的硬塊。曾經消失卻又腫起。半年左右之前初嘗禁果，我擔心是否性病。」

首次性經驗之後的女性，提出這樣的問題。

我認爲這名女性也許是鼠蹊部的淋巴腺腫。由於部位曖昧當然會有各種的疑慮。

如果是性病，可能是鼠蹊淋巴肉芽腫或軟性下疳。兩者在感染後的一個禮拜會使淋巴腺腫起。不過，最近鮮見這類疾病，可能性不多。

而下半身受傷或有傷口時，有可能傷口化膿造成腫脹。

不論是疾病所引起或傷口所造成，都是某些發炎症所產生。我認爲最好到大醫院的外科找醫院洽詢。

117

連續數日出血是否可怕的疾病？

月經和月經之間少量出血持續約三、四天，乃是所謂的不正常出血。不正常出血本來是指不可能出血時出血，因而絕不可輕待之。必須到婦產科作子宮癌的檢查。

因爲，不正常出血的原因中最恐怖的是癌症初期、中期症狀，也有可能是子宮肌腫、子宮內膜症、子宮膣部糜爛或頸管息肉。不過，不正常出血中最常見的是機能性出血。這和癌或肌腫並無法清楚真相，應該測量基礎體溫比照體溫和出血之間的相互關係，以掌握正確的原因。

首先先接受癌檢查，同時測量基礎體溫。測量約一～兩個月後到婦產科讓醫師診斷你的體溫表。從中一定可以找到原因。

不過，排卵時的出血多半屬於機能性出血，月經和月經的正中央以及排卵期卵胞荷爾蒙會暫時地降低機能，引起少量出血。

突然的出血…最先應有的措施

月經以外的出血稱爲不正常出血。這乃是子宮、卵巢、外陰部等出現某種異常的徵兆。年輕人雖然無所謂，然而癌症初期症狀也會有不正常出血，因而即使是少量的出血也應到醫院作檢查。到醫院檢查時即使已經止血最好攜帶不正常出血時所墊的衛生棉，有助於醫師的診斷。

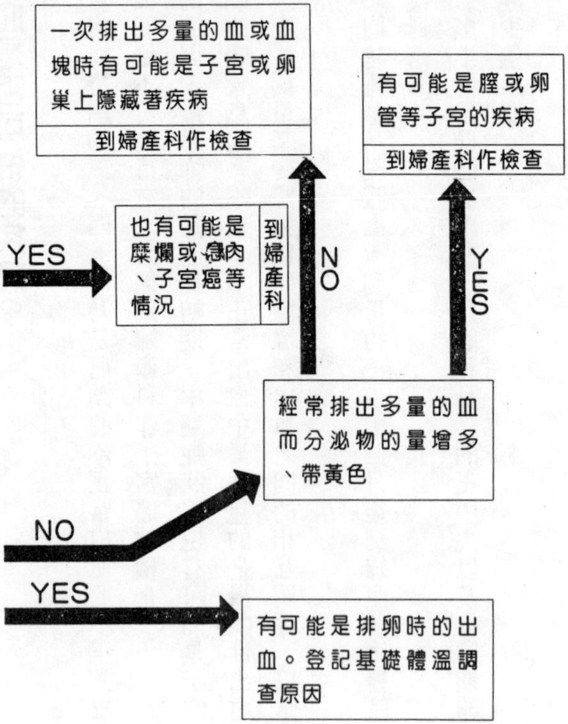
一次排出多量的血或血塊時有可能是子宮或卵巢上隱藏著疾病
到婦產科作檢查
有可能是膣或卵管等子宮的疾病
到婦產科作檢查
YES
也有可能是糜爛或息肉、子宮癌等情況
到婦產科
NO
YES
經常排出多量的血而分泌物的量增多、帶黃色
NO
YES
有可能是排卵時的出血。登記基礎體溫調查原因

不正常出血…

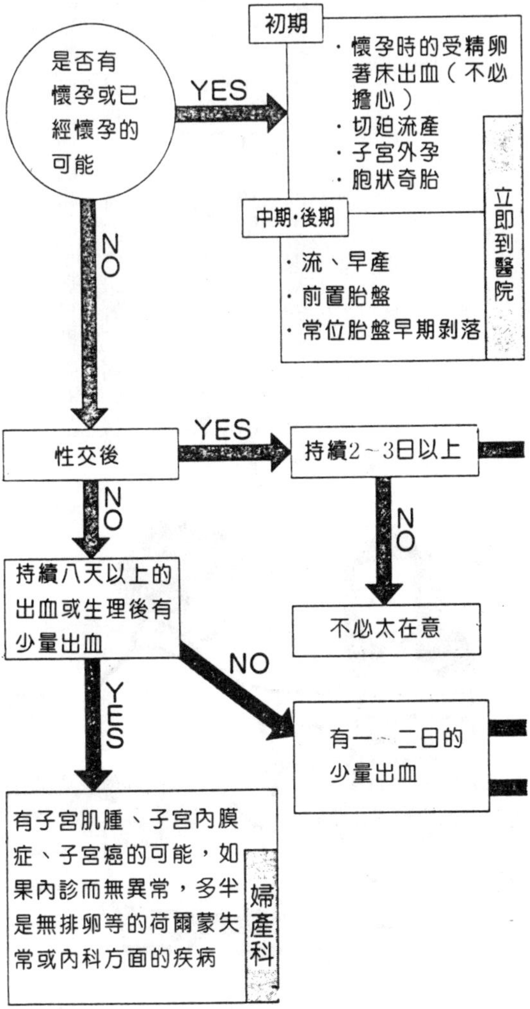

是否有懷孕或已經懷孕的可能
YES
初期
・懷孕時的受精卵著床出血（不必擔心）
・切迫流產
・子宮外孕
・胞狀奇胎
中期・後期
・流、早產
・前置胎盤
・常位胎盤早期剝落
立即到醫院
NO
性交後
YES
持續2～3日以上
NO
不必太在意
NO
持續八天以上的出血或生理後有少量出血
NO
有一、二日的少量出血
YES
有子宮肌腫、子宮內膜症、子宮癌的可能，如果內診而無異常，多半是無排卵等的荷爾蒙失常或內科方面的疾病
婦產科

118 無排卵會自然痊癒嗎？

登記基礎體溫可以自己掌握排卵的有無。看體溫表如果發現並無排卵，最好到醫院接受檢查、治療。

即使渴望懷孕立即到醫院作檢查，也無法立即就出現排卵。有時必須花費時間。到這種地步再慌張也未遲。所以，平常的處置最重要。

無排卵時到醫院作檢查

119 減肥時生理也正常嗎？

因減肥急速變瘦有時會造成子宮或卵巢萎縮，無法發揮正常機能或使月經停滯。這在專門術語上稱爲「減肥性無月經」對身體非常不好。若要減肥最好以一個月減輕一公斤到一・五公斤爲基準。如果在短期間内減肥太多，不僅會出現月經異常，嚴重時還可能造成生命的危險。

以爲總有一天月經會來而置之不理，結果造成無月經。即使月經來潮，若是無排卵性月經也令人擔憂。對將來渴望懷孕、生產的人而言，最理想的是週期即使有點混亂，卻有確實排卵的月經。應該儘早到婦産科找醫師洽談。强行減肥所造成的月經不順的治療，恐怕耗費時日，事實上，也具有調整身體狀況的重大意義。

相反地，急速的體重增加也容易造成月經不順。請特別注意身體的急速變化。

120 服用排卵誘發劑會生五胞胎？

有一位婚姻生活進入第二年，開始想要孩子而登記基礎體溫的女性，怎麼測量都看不出基礎體溫有兩相性，擔心可能沒有排卵日而前來商量。

這位女性也擔心，如果使用誘導排卵的排卵誘導劑，是否會生出五胞胎。

這位女性的基礎體溫並沒有高溫期和低溫期的兩相性。即使週期性地出現月經，也是無排卵的無排卵性月經。

既然沒有排卵就無法懷孕。非但如此，如果不治療恐怕會造成不孕症的原因。如果希望生育，最好儘早到婦產科找醫師洽談，而在治療上還是需要使用排卵誘發劑。完全根治之前必須花一段時間，請務必遵照醫照的指示，以寬裕的心情讓身體回復正常的週期。

至於五胞胎等多胎妊娠率的問題，目前所使用的是西克羅非尼爾和檸樣酸克羅米菲兩種口服藥，比自然妊娠的受孕率較高。

性腺刺激荷爾蒙的妊娠率約20%

多胎妊娠率最高的是，注射性腺刺激荷爾蒙，據説其準確率約二〇%。

排卵誘發劑也有各種種類。因此，希望不要有「排卵誘發劑等於多胎妊娠」的觀念。

當然，使用何種藥物完全根據各人無排卵的原因而定。請各位記，住並非任何一種狀況都可用同一種藥物治癒。

121 想完全避孕只能動手術嗎？

不希望懷孕的人最好利用避孕手術作爲確實避孕的手段。如果使用保險套，多少仍會感到不安吧。如果不希望懷孕的人，慎重地考慮作決斷時，手術也不失爲方法之一，若將來渴望有孩子，最好放棄接受避孕手術。

女性動手術是採取捆綁卵管以避免卵子進入子宮的卵管結紮的方法。動卵管結紮手術必須住院，而一旦接受手術後，雖然可以再次動手術連接卵管，卻無法保證可以懷孕。

生產前的年輕女性，最好的辦法是服用避孕藥。只要依照指示服用，可達到極高的避孕效果。

生產前的女性最好利用避孕藥避孕

122 不要孩子的人最好作避孕手術？

目前已有二～三個健康的孩子，不再希望有孩子的夫婦漸漸渴望作避孕手術。到底什麼是避孕手術？費用如何？在此作簡單的說明。

避孕手術有女性結紮卵管的方法以及通稱精管切除，把從男性睪丸輸送精子的精管縛住的切斷法。費用大略日幣二〇～三〇萬圓。

那麼，夫婦中那一方接受避孕手術較妥呢？從手術的困難度及手術後的影響來考慮，三十分鐘以內的簡單手術即可完成的男性精管切斷法較合適。

但是，作避孕手術後將來因某種問題渴望再有孩子時已來不及了。雖然男女都可以再動手術使其恢原狀，然而成功率據說非常低。而且，男性的心理也是問題。也許喪失令人懷孕的能力，會變成自卑感……。務必充份的考慮之後再作結論。

123 墮胎失敗是否可再動手術？

墮胎後的身體狀況常令人感到不安。

「墮胎手術後不停出血，腹部也疼痛，到醫院檢查說尚有殘留物，是否動一次墮胎手術可能無法完全刮清？接著再動一次手術也無所謂嗎？」

墮胎是從直徑約一cm的小孔以探索的方式，憑經驗及直覺刮取子宮內的嬰兒胎盤上的附屬物，雖然情況甚少，然而即使相當熟練的人有時也可能刮不乾淨。但即使有殘留物，一般子宮在收縮時會自然地將其排出。不過，其中有些黏著在子宮壁的殘留物，會造成二～三週的出血也是事實。碰到這種情況最好再次動手術。我認爲動手術比棄之不顧好。而且，再動手術較簡單，時間也短，請安心地接受手術。

有些人可能想更換醫院，其實我認爲最好和首次的醫院充份地溝通，直到信服爲止。

124 墮胎之後的性交不必避孕？

墮胎之後不容易懷孕因而可以不必避孕，乃是荒唐的謬論。墮胎的確會對子宮、膣造成負擔，然而卻不因此而難以懷孕。

墮胎後荷爾蒙失去均衡無法掌握排卵時間。如果不再出血，醫師也說可以性交，請從當天開始避孕。

墮胎之後的性交有可能造成發炎或出現腹痛、發燒等症狀。同時，可能因未完全止血使得細菌侵入膣內，造成子宮內膜炎或腹膜炎。偶而卵管發炎化膿而造成卵管炎，有些人因此而一生無法再生育。

因此，性交最好是在手術後七～十日不再出血，醫師也診斷OK之後。爲了慎重起見最好有兩星期的空檔。因爲光是手術就令子宮、膣受到相當的負擔。安靜地修養並比以往更留意避孕，以避免再動第二次手術。

125 第一次墮胎後的出血極為危險？

一名二十三歲的女性提出這樣的問題。「一星期左右之前做第二次的墮胎。第一次動手術時是全身麻醉，而這次的醫院只做局部麻醉，我感到腹腔似乎被人任意攪拌，身體彷彿要破裂一般。後來一再出血而不止，向手術的醫師詢問，只得到『傷口尚未痊癒』的答案。我的身體真的没問題嗎？下次我一定要把孩子生下來，但是，第二次的手術竟然是這種情況，我擔心自己是否已不能生育。」

不論是局部麻醉或全身麻醉，墮胎方法都一樣，不必擔心。誠如動手術的醫師所言，出血不止也許是傷口尚未痊癒，不過，也有可能是子宮內的殘留物未完全刮清。如果仍然出血不止，導致發燒演變成腹膜炎就危險了。這時最好到其他醫院告訴醫院詳情，再作一次檢查。只要做正確的處置日後一定可以正常生育。

126 何謂妊娠中毒症？

「今年二十九歲懷孕七個月的姊姊，染患了所謂的妊娠中毒症。到底妊娠中毒症是什麼？」

在妊娠期間只要出現高血壓、蛋白尿、浮腫中一個以上的症狀，就稱爲妊娠中毒症。而根據高血壓的程度再判定是屬於輕症或重症。如果是輕症只要留意飲食療法等日常生活即可使症狀轉好。而若是重症恐怕會造成子癇的情況，不僅對母體對胎兒都相當危險。

自覺症狀只有浮腫，而明確地感到浮腫時已進入相當的階段。因此，定期健診非常重要，其實妊娠中期到後期的健診可以說是爲了早期發現是否感染中毒症。也可以按壓最容易浮腫的腳踝做自我檢查。

當然，最好的預防法乃是平日嚴格限制鹽份，並避免攝取太多卡路里或水份。妊娠中毒症最大的敵人是鹽和水。

127 出血和疼痛不止一定會流產嗎？

出血、疼痛不止並不一定會流產。而以下的情況必須留意。

「一星期前腹部感到劇烈疼痛有點出血。到醫院檢查後被診斷是切迫流產（流產正開始的狀態）並指示我在家裡休養，但是，肚子仍然感到非常疼痛，覺得相當不安。」

疼痛持續一個禮拜有可能是子宮外孕。請到醫院再做一次檢查。

懷孕後下腹部感到劇烈疼痛或出血時有兩個可能。其一是流產，其二是子宮外孕。若是子宮外孕不儘早治療，有時可能因卵管破裂而造成休克。

因此，有這類疼痛時必須立即找醫師商量，利用子宮內膜檢查或超音波檢查是否子宮內孕。

生理來遲三個星期產生腹痛是流產嗎？

不清楚是否懷孕時往往不知是月經來潮或流產。譬如以下的情況。

「月經遲遲不來令人擔心，結果延遲三個禮拜左右開始有像月經的少量出血，肚子感到疼痛。我本以爲是月經，卻因爲肚子太疼痛而擔心是否流產了。」

碰到這類情況應儘早到婦產科檢查是否已經懷孕。如果出血是真正的月經，倒無所謂，否則恐怕會有切迫流產的可能。

好不容易著床的受精卵可能從子宮内膜剝落。受精卵本身脆弱或子宮内的狀態不佳時，可能在妊娠初期流產。

如果有懷孕的可能而月經延後，且來的月經異於往常時，必須到醫院檢查。

出血或疼痛不止恐怕是流產或子宮外孕

128 切迫流產是否不能生育？

「目前懷孕三個月。前些時候因出血而到醫院檢查，被診斷是『切迫流產』。醫師說沒問題果真不要緊嗎？」

所謂「切迫流產」乃是也許會變成流產的預報。如果儘早治療有可能抑止流產。

流產多半出現在妊娠初期。懷孕的人即使有輕微的不正常出血或帶茶色的分泌物、感覺腰、腹部疼痛，應立即到醫院檢查。

如果棄之不顧不做治療，有可能造成劇烈疼痛或出血。請儘早治療並休養。

懷孕第二個月出血是否是流產？

「我懷孕兩個月，最近感覺腹部有些疼痛而出血。該怎麼辦？」

這類狀態也是切迫流產。請立即到醫院接受超音波檢查，診斷嬰兒的情況。

有時可能必須住院四、五日到十日左右，請保持安靜，服用藥物或注射以觀察情況。

有流產徵兆立即到醫院檢查

出血的原因有許多，多半是激烈的性交或運動過度、跌倒。也有可能是子宮內出現異常或精子畸型造成容易流產。如果有流產的徵兆應接受診察，查出原因做適切的治療，以持續正常的妊娠。

129 流產會變成習慣嗎？

期待中的嬰兒變成死產或流產，的確令人大失所望。尤其是渴望儘早生育的女性，常有以下的疑問。

「聽說流產一次後很容易再流產是真的嗎？」

「再懷孕時是否流產的可能性極大？」

「流產是否會變成習慣？」

有關流產的問題最重要的是妊娠的月數。死產和流產有些不同。

流產大部份是在妊娠十六週（四個月）以前，而其中七十五％以上是在八週（兩個月）以前發生。爲了下次妊娠著想，最好和主治醫師充份地溝通，確實地掌握這次流產的原因。

流產的確有反覆的可能。但是，有關所謂的習慣性流產，最近做爲其治療法的免疫療法已受到矚目。至於死產除非母體有重大的原因，否則幾乎不會變成習慣。

無論如何，最好的方法是到婦產科把以往的妊娠經過及這次的懷孕等問題，找主治醫師

妊娠十六週之前必須保持安靜

商量。

再次懷孕後在容易流產的十六週之前務必保持安靜，讓胎兒穩定以避免再次流產。

而對於極早期的流產，我認爲把它當成自然淘汰或缺乏發育能力、未成熟等命運安排可能使自己較爲舒坦。如果因前次的流產而悶悶不樂，反而會影響身體。

130 流產後的高燒是否無礙？

在情非得已而流產時，不要忘了注意母體的變化。譬如以下的情況。

「兩星期前五個月的身孕流產了。此後下腹部一直感到鼓脹的疼痛。還有一點微熱。這到底是怎麼回事？」

流產後如果不保持安靜，使容易受細菌侵擾狀態下的子宮、卵巢回復充份的機能，有可能併發子宮內膜炎或卵管炎。棄之不顧會使症狀變得嚴重，可能造成不孕，同時可能因而成爲日後子宮外孕的原因。

子宮留下胎盤的殘餘部份造成不停出血的女性，也有可能發炎或持續疼痛、發燒。

不論那一種情況，爲了找出真正原因而治療，最好的對策乃是前往爲妳診斷流產的醫院找主治醫師商量。這比到其他醫院檢查來得放心。因此，爲妳處理流產的醫師最清楚妳的身體狀況。

131 X光對母體會造成重大影響嗎？

有些人在公司做健康檢查拍了X光片後才發現已經懷孕，因而擔心對胎兒的影響。在此簡單地說明這類情況的注意點。

如果是公司的健康檢查，X光片大概是一～兩張，僅只這種程度並不必擔心。倒是長時間照射胃透視等X光的時候必須留意。有許多人把害喜當成胃腸不良去做胃透視檢查，據說一次倒無所謂。但是，絕不可忽視因照射胃透視對孕婦所造成的精神面的影響。這一點請務必注意。

計劃生育的人，可以接受X光片照射量較多的檢查是在生理中～生理後二～三日的期間。不過，請不要因此認為胸部X光片不值得疑慮，而在排卵後也任意照射。雖然不一定因此而造成畸型兒，但是，在懷孕二～十二週內受到X光線的影響，有可能造成胎兒的先天異常。

132 感冒藥對腹中的胎兒毫無影響嗎？

常看見女性神情慌張極爲擔憂地詢問：不知已經懷孕而服用感冒藥或頭痛等各種成藥，是否會對胎兒造成不良影響？

懷孕期間服用藥物的確會令任何人都感到擔心。這也是相當困難的問題。

因爲，這個時期的胎兒最容易受到影響。

但是，目前所使用的成藥中已經鮮少有像從前造成問題的thalidomide（造成畸型兒的鎮靜劑）等明顯地引起畸型的藥物，一般的藥局應該不會出售這類藥品。

而且，對孕婦而言危險的藥物會有等級之分。不過，並非如此就能輕易地服藥。過度倚賴藥物，會使自然治癒力衰弱，並產生立即以藥物解決的心態。這乃是問題的徵結所在。舉例而言，如果持續服用止嘔藥以克服害喜的痛苦，情況會如何呢？當然不會有好結果。少量服用倒無所謂問題乃在於程度。原則上，可能對母體或嬰兒造成重大影響時不會使用。

如前項所述，對於X光照射等問題也必須小心處之，並非只有藥物的問題，所以不必爲此感到驚心動魄。發覺懷孕後特別注意不要胡亂服藥，同時也不可過度煩惱。

總而言之，筆者個人的意見是更應注意日常的環境衛生，或不知不覺中食用，累積在體內的食品添加物等。

懷孕四個月後可服漢藥嗎？

有一名女性問起自幼因身體脆弱，一直服漢藥，目前已經懷孕四個月，是否能持續服用漢藥。

多數的漢藥服用後，對孕婦並不會造成問題，不過，其中某些部份最好避免在懷孕期間服用。

以這位女性爲例，持續服用漢藥應對嬰兒不會造成影響吧。然而慎重起見，最好在妊娠檢查時所服用的藥讓醫師確認。

妊娠期間即使染患疾病也不要立即服用成藥，應找醫師商量。

133 妊娠中服用便秘藥是否對胎兒會造成影響？

懷孕三個月的女性，產生便秘時，往往會擔心服用便秘藥是否會影響胎兒。

懷孕期間隨著子宮的成長，膀胱、直腸受到壓迫而有頻尿或便秘的症狀出現。另外，也有可能精神處於不穩定狀態下，造成情緒不佳、便秘等情況。

解決法之一是早晨喝一大杯牛奶。一般人都缺乏消化吸收牛奶中的乳糖所必要的分解酵素，因而喝牛奶容易下痢。

也有一說是儘量喝鹽水，然而妊娠中必須抑止過量攝取鹽份，這個方法最好避免。

我認爲可以告知婦產科的醫師請求開軟下劑。

懷孕以可能造成便秘

134 服用淋病的藥對嬰兒是否有害?

一位結婚兩年的主婦詢問服淋病藥對胎兒的影響如何的問題。據說三年前其丈夫到國外旅行而感染淋病，自己因而被傳染。到醫院診療後服用對淋病極有效的藥物，結果將治癒時發現已經懷孕。她所擔心的是，雖然想要孩子卻因服用淋病的藥而猶豫是否該生下或墮胎。以自己的情況能生孩子嗎?

這位女性的情況的確有許多令人不安的因素。這位太太因到國外旅行的丈夫染患淋病而被感染，也許並不只有淋病。可能有其他不良的疾病，諸如chlamydia（第四性病等病原菌）或梅毒等。

如果只是治療淋病的藥物，大概不會直接對胎兒造成影響。但是，這是非常重要的問題，我認為應再做更詳細的檢查，找主治醫生洽談為妥。

135 患有B型肝炎的丈夫一定會傳染給妻子嗎?

結婚對象的他患有B型肝炎——聽到這個訊息不免令女方擔心是否對將來的孩子造成影響或傳染給自己?在此針對B型肝炎做簡單地說明。

其實B型肝炎有許多階段,可分成帶原體亦即具有抗原而無抗體(免疫體)可能傳染給他人的人,以及不帶抗原而具有抗體,亦即没有感染力的人。從血液檢查即可分辨得出,不妨到男友診斷是B型肝炎的醫院洽詢。我認爲女性最好也做檢查。B型肝炎主要是血液感染,濾過性病毒也可能包含在精液或唾液內,因而可能傳染給女性。

如果被診斷是B型肝炎的帶原著而懷孕時,有可能直接感染給腹中的胎兒。但是,產後的嬰兒會注射疫苗,不必因此而放棄生育。

不過,建議男女雙方最好一起找男方的主治醫生洽詢,充份地溝通。

136 懷孕後絕對不可飼養寵物嗎？

有一位開始飼養貓的女性提出這樣的問題。

「據說懷孕三個月不可飼養動物是真的嗎？我非常疼愛貓不忍心割捨，能注意那些事項呢？」

我認為懷孕中之所以不能飼養動物，應該是擔心感染住血原蟲病。因為，住血原蟲病的寄生蟲主要寄生在貓等動物的唾液或排泄物內。

如果進入懷孕者的體內，有時可能造成畸型、流產、早產。

不過，長期飼養寵物者多半體內已有對住血原蟲病的抗體，反倒是以往未曾飼養動物而在懷孕中開始飼養的人較為危險。

如果仍然無法釋懷，必須到婦產科做檢查。只不過最近染患這種疾病的人非常少。

最後應負起責任的乃是自己。在魚與熊掌不能兼得之外，不妨讓他人照顧寵物一段時間？自己把令自己感到隨時可能發生異常的煩惱放在旁邊，並非明智之舉。請仔細思考一下！

137 子宮外孕對母體會造成危險嗎？

「感覺已經懷孕而到婦產科檢查，被診斷是『子宮外孕』。子宮外孕到底是什麼疾病？有這種疾病也能正常生育嗎？」

常有人對子宮外孕提出這類的問題，以下就做一番說明。

如文所示，子宮外孕是指受精卵在子宮以外的場所，譬如卵巢或卵管著床發育。

原因有許多，最常見的例子是受精卵在卵管著床的卵管妊娠，這是因卵管有問題所造成。

卵管是有許多皺褶的細管，發生卵管炎時卵管會變得更爲狹窄，因而即使能通過精子，卻無法讓比精子更大的受精卵通過後回到子宮。因此不得已在卡住的位置著床。據說長期不孕或曾經墮胎或有子宮外孕的人，常見這種情況。

那麼，子宮外孕何以會造成問題呢？排卵後的子宮爲了令受精卵著床內壁會變厚。而子宮以外的場所並沒有像子宮腔內足以令受精卵著床的厚度，因而外壁容易破裂。

卵管有問題時可能造成子宮外孕

換言之，子宮外孕會造成破裂，卵管破裂會使大量的血流進腹腔。如果發現或處置太慢可能造成死亡，這是非常可怕的妊娠現象。

但是，事前會有持續少量出血或微腹痛的自覺症狀，這時若能立即接受醫師檢查並動手術，應可化險爲夷。

138 流行性耳下腺炎是生育的大問題？

從未染患流行性耳下腺炎、水痘、麻疹等疾病的女性問我：「結婚已經四年正打算生育，像我這種情況懷孕後不會造成問題嗎？」這位女性所擔心的是懷孕後的感染。

縱然是成年人也無法在短期間內接受一切的預防注射。而流行性耳下腺炎或水痘並不會對嬰兒造成重大的傷害。不過，麻疹似乎在妊娠初期感染會造成流產。

其實更可怕的是風疹。懷孕四個月之前感染風疹時，胎兒罹患白內障或心臟畸型、視力障礙等先天異常兒的機率高達六〇・九％。

如果曾經染患則不會發生問題，否則最好在渴望懷孕的兩月之前接種一次活疫苗（有關風疹疫苗請參照二〇五頁）。至少在兩月內完全地避孕。

不清楚是否曾經染患風疹，可以到醫院檢查是否具有免疫體。若是陽性最好做預防接種。

139 巴特林腺炎原因一定是淋病？

在醫院被診斷是巴特林腺炎的女性詢問：「巴特林腺炎和淋病有關嗎？」

這位女性回到家中翻閱書本，看見書上寫著巴特林腺炎多半是淋病造成，而目前雖然性器外圍略為腫脹，並無任何症狀，卻擔心自己可能已染患淋病。

以下就針對巴特林腺作一番說明。

分佈在膣口兩側的分泌腺就是巴特林腺，當這個部位被細菌滲透發炎時會紅腫疼痛。

肇因的細菌是大腸菌、葡萄球菌、淋菌等。以往多半是由淋菌所造成，目前並不盡然。這位女性並沒有出現類似淋病的症狀，我認為應該是其它細菌所造成，不必多慮。

巴特林腺炎的治療在早期可用抗生物質治癒，如果化膿可用切開手術取出膿汁。巴特林腺炎可能復發變成慢性化，必須完全地治癒。

140 男友的淋病是因女性膣炎所造成？

性交必須有伴侶才能成立。所以，不僅自己，也應注意性交伙伴的疾病。

「我染患膣炎正接受治療中，而男友卻染患了淋病。我的膣炎是否會傳染，造成男友的淋病呢？」

膣炎有一種淋菌性膣炎。這是因淋菌所感染而造成的膣炎，會分泌帶有黃綠色如膿汁的分泌物，漸漸散發出惡臭。如果不予治療會引起膀胱或子宮內膜炎。

有上述疑問的女性並沒有這類情況，只是一般的膣炎，不會因此而使男友染患淋病。也許男友是從某處感染到淋菌。若是這個情況男友必須做徹底的淋病治療。女方仍然應持續膣炎的治療。雙方在病患尚未痊癒之前應避免性交。

另外，有人提出這個問題。

「交往中的男友染患了陰浸。陰浸到底是什麼疾病？是否可能傳染給我呢？」

陰浸是由白癬菌的黴菌所造成的濕疹，帶有强烈的搔癢感。

性交伴侶的性病治癒之前應避免性行為

除非有不整潔的性交否則應不會傳染，而這位女性爲慎重起見最好觀察一段時間，如果外陰部出現紅色濕疹又有搔養感，應立即到皮膚科檢查。

白癬菌最喜歡濕氣多的場所。平常應注意膣部外圍的清潔避免造成紅腫。

141 尿道炎不會因性交傳染嗎?

也有可能因性交伴侶感染疾病,在此舉其中一例。

「據說男友染患尿道炎。這是什麼疾病?會因性行為傳染嗎?我不知他有這樣的疾病,而在兩天前與他發生性關係。」

男性的尿道炎原因大致可分成兩種。淋菌性尿道炎和非淋菌性尿道炎。淋菌性亦即淋病。非淋菌性則是淋菌以外的雜菌所造成,最常見的是chlamydia。這都是STD,亦即性行為所傳染的性病。

這位女性的性伴侶並沒有做過診察,無法斷定,但是,我認為在清楚其病名之前最好當做性病來處理。

不論是淋菌或非淋菌,只要感染都會排泄膿汁般的分泌物。因此,請充份注意分泌物的量、顏色。

淋菌性尿道炎在二、三天後會出現症狀,非淋菌性則有一星期到三星期的潛伏期。因此

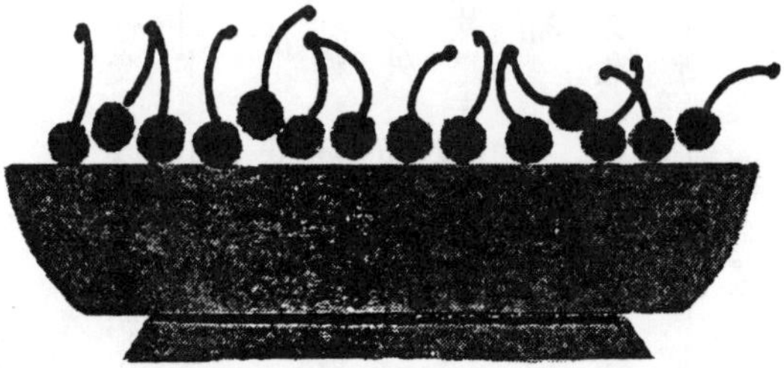

彼此留意性伴侶的疾病有疾病立即到醫院檢查

，如果診斷與治療太晚恐怕會併發更嚴重的合併症。千萬不可因尚無症狀而疏忽。

總而言之，提這問題女性應該已經感染了，我認爲應立即到醫院做檢查。在雙方尚未治癒之前嚴禁性交。

對疾病棄之不顧有可能造成日後的不孕，也可能成爲宿疾或有再發的危險，請務必做徹底的治療。

142 口內的顆粒是否性病所造成？

以性交爲媒介的疾病、疱疹也是女性關心的問題。譬如以下的情況。

「口中長出顆粒。常聽人說『疱疹』會長在口內，我的情況是否和性病的疱疹有關呢？」

單純疱疹常會在口腔或性器長水泡。其中分爲兩種，多半在口、臉面上長水泡的是Ⅰ型，出現在外陰部或臀部的是Ⅱ型。

病狀是先出現米粒大的水泡再增殖約十個左右，最初長成的水泡破爛形長潰瘍，會有強烈的疼痛。而在潰爛表面有一層污穢的薄膜。

如果外陰部感到疼痛，光是碰觸內褲就苦不堪言，隨著症狀的進行甚至無法步行。也會出現淋巴腺腫脹、發燒的症狀。在懷孕中感染時會傳染給胎兒，而造成流產等原因。

這是感染疱疹濾過性病毒的病原體而發病，而疱疹主要是由性交傳染。因此，如果染患疱疹最好認定性交伴侶也傳染了疱疹。

疱疹並無特效藥，應立即找醫師洽談

治療上是服用抗生物質或使用具有鎮痛、消炎作用的外用塗藥，但目前尚無法根治。很遺憾的是，在症狀非常强烈時只能利用上述的治療使症狀較爲緩和。

雖然並無特效藥，也應立即到醫院接受醫師的指導。

143 疱疹會因使用同一個茶杯而傳染？

對於嘴角邊長水泡的疱疹，會令人產生以下的不安。

「我的朋友似乎染患『疱疹』，如果我和他使用同一個杯子是否會感染疱疹？」

疱疹是由ＳＴＤ，亦即性交所感染的疾病之一，多數是因性交而感染，極少數可能是從毛巾或西式便器感染。不過，一般的交際往來並不會發生問題。請不必過於擔心。

有人對於疱疹無特效藥提出這樣的疑問。

「疱疹永遠無法治癒嗎？聽說會傳染給嬰兒，這不表示無法生育了嗎？」

疱疹若使用抗生物質可以抑止濾過性病毒，但是，一旦感染體內，會潛伏濾過性病毒而有復發的可能。

一般人都擔心會對胎兒的感染，而嬰兒感染疱疹濾過性病毒幾乎是在通過產道時。如果用剖腹生產則無問題。

144 膣外圍的疣對生產有不良影響嗎？

「我染患尖圭孔吉羅姆病。院方說將來也有可能復發，這種病復發性極高嗎？將來對生育是否會造成影響？」

尖圭孔吉羅姆是指濾過性的疣。長出一顆後會陸續地繁殖，然而用電子手術刀燙過或用冷凍凝固，幾乎不會留下痕跡而治癒。雖然復發的情況頗多，只要早期治療並不會留下問題。

不會造成不能生育。但是，妊娠期間感染時必須儘早治療。如果產道上有太多的疣就難以做平常的分娩。這時恐怕必須剖腹或事先治療。

儘早治療以安心生育

145 子宮肌腫不能生育?

染患子宮肌腫的女性也不少，這也是令女性有各種顧慮的疾病。常聽到下面的疑問。

「診斷是子宮肌腫卻不動手術，如此過了兩年。目前有結婚的打算，是否能不動手術而結婚呢？可否生育呢？」

染患子宮肌腫並不一定要動手術。除非有月經量過多、劇烈的月經痛或肌腫變大等情況則可觀察情況。

至於妊娠只要肌腫沒有阻塞卵管，仍有可能。不過，隨著妊娠的荷爾蒙分泌可能使肌腫變大或阻塞產道或嬰兒無法採正確的姿勢。這時也可能必須剖腹生產。

如果必須動手術割除肌腫，年紀尚輕時可以做留下子宮的手術，因而還可能懷孕。只不過必須定期地做肌腫檢查。

另外，有些人因爲母親或姊姊等家人接受子宮肌腫手術，擔心是否會遺傳，紛紛詢問其預防法。

子宮肌腫並無遺傳性。子宮肌腫乃是長在子宮的良性腫瘤，女性都有可能長肌腫。目前尚未明瞭原因，而遺憾的是也無所謂的預防法。

不過，並非長了子宮肌腫就應立即動手術。只要早期發現定期治療，也可不動手術而痊癒。

子宮肌腫的主要症狀是月經量增多、不正常出血或月經痛等月經異常、腰痛或腹痛、便秘或頻尿等。只要有疑似的症狀應儘早到醫院做檢查。

子宮肌腫不會遺傳

146 卵管炎治癒後暫時不能有性關係？

突然肚子疼痛或發燒，到醫院檢查結果診斷是「卵管炎」。卵管炎到底是什麼疾病？卵管炎是細菌從膣朝子宮、卵管等部位感染，在卵管造成發炎的疾病。肇因的細菌有大腸菌、淋菌、chlamydia。

根據急性或慢性而有不同的治療法，慢性化後可能會造成不孕。最好在早期確實地治療。

完全治癒後性交並無妨，然而往往會因性交及性行爲感染症而再次發病，請注意保持清潔。

卵管炎請留意清潔

147 坎吉他膣炎是性病之一嗎?

「我染患所謂的坎吉他膣炎。這是性病嗎?我從無性經驗。」這是某位女性洽詢的問題。

出現外陰部劇烈搔癢感，又有豆腐渣狀的分泌物增强等症狀的坎吉他膣炎，乃是真菌類的一種黴菌所造成的。這也是STD(性行爲感染症)之一，一般人以爲是性病，其實不然。

的確是因性行爲而感染，最大的原因乃是使用抗生物質的副作用。

女性的膣內本來就具有造成坎吉他膣炎的要素。平常和膣內的其他細菌保持均衡而不發症，但是，服用抗生物質，膣內細菌會被殺害，使得坎吉他的勢力處於優勢而發炎。這稱爲菌交代現象。

孕婦也容易染患坎吉他膣炎，下半身不潔染患的機率較高。另外，因感冒或下痢消耗體力或服用避孕藥期間、罹患糖尿病的人也容易感染。但是，這個疾病的特徵是治療非常簡單。只要服用抗坎吉他劑（抗真菌劑）的膣錠和塗抹同劑的軟膏、服用內服藥即可治療。

因此，提這問題的女性可不必太在意原因。

感冒、染患膀胱炎而服用抗生物質時常會發病。當然不可亂服抗生物質。相反地，不可因畏懼坎吉他膣炎而在必要的時候拒服抗生物質。

不過，並非服用抗生物質一定會染患坎吉他膣炎，因體質的不同有些人只服用一日就發症。當然，持續服用二星期而不發症者亦有。

至於染患坎吉他膣炎後的性關係，患有坎吉他膣炎不僅外陰部感到搔癢，嚴重時甚至會疼痛。性交時碰觸發炎部份會使症狀惡化，原則上最好不要發生性關係。

雖然戴保險套或性交前後充份地清洗，可能無礙，然而也有感染的可能。

膣炎不會對嬰兒造成影響嗎？

那麼，感染頑強難纏的坎吉他膣炎的女性，如果懷孕會對嬰兒造成何種影響呢？

機率雖然不高，卻可能有以下兩個影響。其一是分娩時若有膣炎可能會使胎兒罹患所謂的鵞口瘡，使得坎吉他菌在胎兒的口中繁殖。其二是膣炎嚴重時，包裹胎兒的軟膜可能受坎

坎吉他膣炎有可能對嬰兒造成影響

吉他菌感染造成破碎。似乎也可能感染到胎兒的消化管。

這和先天異常不同，如果渴望生下健康活潑的寶寶，最好膣炎痊癒之後再懷孕。但是，懷孕期間多半可能染患坎吉他膣炎，因而最好能在分娩之前治癒。

治療坎吉他膣炎必須消除身體的疲勞，耐性地接受治療。如果沒有確實治療，恐怕會成為日後的煩惱。

148 卵巢膿腫會自然消失嗎？

卵巢膿腫可分因症狀而發現，以及做妊娠檢查才發覺的情況。

前者腫瘍若非變大，毫無自覺症狀。因此，如後者在妊娠檢查中發覺的情況，腫瘍多半並不太大。另外，有所謂的黃體囊胞在妊娠初期會使卵巢腫脹。

因此，多數醫師會靜觀情況再做定奪。大部份在懷孕五個月左右之前會自然消失。如果漸漸變大，恐怕必須動手術。

不論那一種情況請相信醫師的診斷，持續接受檢查。

卵巢囊腫多半會在妊娠檢查中發現

149

皮樣囊腫一定會變成不孕症嗎？

卵巢囊腫有各種種類，以下針對年輕婦女常見的皮樣囊腫做簡單的說明。

這是在腫脹的卵巢內堆積有毛髮、皮下組織、脂肪、骨、肌肉等。

幾乎都是良性，但是，巨大的腫瘍多半會對正常的卵巢造成影響，而又有所謂的莖捻轉，那是卵巢被歪曲而造成嚴重的腹痛。診斷的結果如果必須動手術，應儘早實行。

而且，早期動手術可以留下部份健康的卵巢，使卵巢回復正常的機能，因而可以減低不孕症的可能。

皮樣囊腫幾乎都是良性

150 chlamydia是難以治癒的疾病嗎？

chlamydia是由chlamydia·trachomatous的病原菌，主要因性交而感染的性行爲感染症之一。

男性多半以尿道炎或副睪丸炎等症狀出現，女性很遺憾的是屬於不顯性感染，除非症狀進行到相當的程度，否則沒有症狀。同時，也有毫無症狀者。

一般而言，感染一～二星期後出現搔癢或分泌物增多等症狀，據說會造成膣炎或尿道炎，其實通常出現症狀頂多是分泌物增加，並沒有顯著的症狀。因此，多數的情況是性伴侶染患尿道炎而感到擔憂，到醫院檢查才發現已經感染。

因此，如果清楚和感染者有過性關係，必須認定即使沒有出現症狀也已經感染，最好儘早接受檢查。

治療上除了一般的抗生物質外也使用特殊的抗生物質，持續服用一～二星期即可治癒。女性還必須使用膣座藥以根治病原菌。

分泌物的異常……該做何判斷？

正常的分泌物帶有甜酸的氣味。本來的顏色是白或淡乳色。而黏著在內褲乾燥後會變黃。分泌物的異常根據以下的方式做判斷。

分泌物的異常有以下的症狀

	特　徵	原因・症狀
坎吉他膣炎	有如白豆腐渣的分泌物。雖然有搔癢感卻無惡臭	原因是身體的健康狀況或服用抗生物質後，荷爾蒙失調。越抓越癢而變成疼痛。
毛滴蟲膣炎	泛黃泡沫狀的分泌物又有惡臭。劇烈的搔癢感。	因性關係使得毛滴蟲原蟲在男女之間移動。搔癢會變得疼痛，尤其是排尿時有刺激的疼痛。
非特異性膣炎	綠或茶褐色的分泌物增多，外陰部糜爛而紅腫。	原因是造成膣炎的病原體以外的細菌。身體不健康時容易染患。排尿時糜爛部份會疼痛。
子宮膣部糜爛	白或黃色黏液狀的分泌物較多。有時會有搔癢感	除了分泌物外，鮮少有自覺症狀。可能因性交或衛生棉球的刺激而出血，而出血量並不一定。
子宮內膜炎	膿汁般的黃色分泌物增多。有時摻雜血液。	細菌侵入子宮內腔，使內膜造成發炎。感覺下腹部或腰部有劇烈疼痛並時而發高燒。
子宮頸管瘜肉	茶褐色的分泌物增多、容易出血。	有時會造成容易出血或成為月經外斷斷續續出血的原因。
子宮頸管炎	略帶惡臭的濃黃色分泌物增多。	除了分泌物外並無特殊症狀，不過，有時會有下腹部或腰部的輕微疼痛。
卵管炎	分泌少量有如濃汁的分泌物。幾乎沒有搔癢感。	在膣炎、頸管炎、子宮內膜炎之後而發病，會有發燒或下腹部、腹腔全體的劇烈疼痛。

151 尿中摻雜血液是否是可怕的疾病？

「早上上廁所發現尿中摻雜著微量的血而驚訝不已。這是膀胱炎嗎？如果是膀胱炎會變成慢性嗎？」

尿中混雜著血液的疾病可能是膀胱炎、腎結石、尿管結石等。如果是膀胱或腎臟的疾病，多半會有疼痛或其他的症狀。這時如果感到腹部疼痛或排尿的疼痛，應立即到泌尿科做檢查。

但是，混雜在分泌物中的血液有可能和尿會流，看似血尿。因性行爲的刺激造成膣部或子宮受傷出血，這個出血可能在翌朝混雜於分泌物或尿液中排出。也可能是荷爾蒙失調造成的不正常出血。

即使是一次的出血，最好也到醫院做檢查來得放心。

女性與男性的生理結構不同，由於尿道較短如果強忍尿意或下半身遇寒，很容易染患膀胱炎，而女性性器又接近膀胱，如果排便後處理不當也會造成膣炎或膀胱炎。

尿中摻雜有血液應立即到泌尿科檢查

女性染患膀胱炎的原因幾乎是大腸菌，我想各位女性應該可以明白其所以然。

至於會不會變成慢性也不無可能。膀胱炎只要持續服用二～三天的抗生物質，即可使症狀好轉。然而尚未完全治癒，如果停止服藥，多半會復發。斷斷續續的服用也是一樣。而服用法不當結果仍然相同。

上述的情況都會使治癒的過程不佳，必須依照醫師的指示確實地服用。

152

頻尿又有腹痛是否子宮肌腫？

有時會因寒冷而造成頻尿。不過，它也可能是疾病的徵兆，請特別留意。

「最近常常跑廁所，不僅如此，腹部漸漸疼痛起來。」

如果只是頻尿的程度可能是輕微的膀胱炎，但是，腹部疼痛則有問題。膀胱炎變得嚴重時，的確會有腹部疼痛或發燒的情況，不過，其他的疾病也會出現類似的症狀。

譬如子宮肌腫。染患子宮肌腫後子宮會壓迫膀胱，造成頻尿、腹部疼痛。卵巢囊腫變得巨大時也會出現類似的症狀。此外，懷孕後會頻尿而不知已懷孕做過度的勞動時，腹部也會疼痛。

總而言之，我認爲應儘早到婦產科做檢查。有時可能必須接受泌尿科系的治療。當然，如果沒有殘尿感或排尿痛、尿液混濁、尿中混雜血液等症狀，那麼，膀胱炎的可能性非常少……。

腹部的突然疼痛……追究原因的方法

除了生殖器外，下腹部內有許多的臟器。突然的劇烈疼痛或持續性的隱痛等疼痛其方式不一而足，然而下腹部內有重要的子宮，即使是輕微的疼痛總令人放心不下。

疼痛的情況	與月經的關連	可能的疾病	其他症狀	有無硬塊
劇烈的生理痛、下腹部產生的劇痛。	月經血增多，期間拉長。月經後仍然有疼痛感。	子宮內膜症	下腹部痛、腰痛、冒冷汗或嘔氣、下痢、便秘。	×
下腹部痛、腰痛	月經血增多	子宮内膜炎	嘔氣、分泌物增多	×
有如生理痛的疼痛	月經血增多	子宮肌腫	可能有頻尿的情況	○
下腹部痛、腰痛	月經痛變得劇烈	卵管炎	嘔氣、嘔吐、高熱	×
下腹閃過劇痛	有時月經出現異常	卵巢炎	發熱	×
下腹部有隱痛後閃過劇痛	正常來潮	卵巢癌	腰痛、便秘、神經痛、排尿障礙等	○

153 尿液顏色比以前濃是否腎臟的疾病？

尿液也是健康的指標。舉其中二例。

「最近發覺尿色比以前濃。是否腎臟病？」

尿色濃的問題是在於呈何種顏色。只是因尿液濃縮所造成或因血尿而變濃、混雜，有其他的物質……。如果非常在意請到醫院檢查。若是腎臟或肝臟的疾病造成尿中混雜血液，或尿液混濁就糟了。

「最近尤其是早上尿液的味道令人可疑。因工作的關係最近常感到疲倦，然而身體上並沒有不適。」

早晨起床時尿液濃縮，有強烈的味道，這乃是常有的事。過度疲勞服用維他命劑的人，也會使尿液產生氣味。

泌尿科器系的疾病中希望注意的是膀胱炎。尤其女性較容易感染，應特別留意。如果出現排尿痛、上廁所次數增加、殘尿感等症狀，應立即到醫院檢查。

154

胸部小是否可動手術彌補？

胸部可以利用手術變大。不過，動手術之前應充份地思考是否胸部小得必須做豐乳手術不可呢？

豐乳手術只要割開乳房下部，塞進矽樹脂的確可以塑造豐滿的胸部，傷瘍也幾乎看不見。但是，外觀上雖然堅挺，然而觸摸時會清楚地明白和真正的乳房不同。有些人因胸部小而無法交男友，然而手術後即使交了男友，恐怕會因其他的煩惱感到痛苦吧。

而且，根據最近美國的報告，塞在胸部內的矽樹脂從外包洩漏散佈在乳房四處，使乳癌或乳癌患者因裝有矽樹脂而延誤診斷，造成為時晚矣的悲劇，目前已重新評估矽樹脂的安全性。

其實男性中，意外的有多數人喜好較小的乳房，絕無胸部太小不受異性歡迎或交不到男友的事情。身體髮膚受之父母，我認為並不要刻意地去傷害它。

155 膣痙攣能立即回復嗎？

一名二十二歲的女性神情黯然地提出這樣的問題。「前些時候在性交的途中膣部突然產生痙攣，使得男友的陰莖無法拔出。這個狀態持續約十分鐘，不知何故痙攣解除終於使陰莖拔出。爲何會發生這種情況？男友說非常疼，害我擔心往後的性關係。」

這種症狀稱爲「膣痙攣」。如果有外遇、紅杏出牆等罪惡意識，或性交途中被突然撞見感到驚慌受到打擊時，神經會受到刺激而造成膣痙攣。女性並沒有太大的疼痛感，但久持這個狀態，男性會因劇痛而可能失神。

一般的痙攣並不會自然停止，必須利用全身麻醉鬆弛肌肉，而這位女性倒算幸運。不過，曾經有過一次痙攣的經驗後，應認定本身具有造成痙攣的體質，最好在性交之前沐浴鬆弛肌肉或花時間在前戲上、選擇較安全的場所等。

4

最新常識

自己解決令人不安的身體醫學

156 新型的避孕藥效果達百分之百？

「聽朋友説最近有所謂的新型避孕藥，這是真的嗎？」「聽説最近有一種非常好的避孕藥和以前的不同，我也想嘗試看看。」最近接到許多女性前來洽詢這個問題。

所謂新型避孕藥是指低容量避孕藥（迷你避孕藥），其中所含的荷爾蒙量比以往的減低許多。

避孕藥是卵胞荷爾蒙和黃體荷爾蒙的混合劑，從月經的第五天開始服用，利用荷爾蒙劑的影響抑止排卵。

換言之，它是抑止排卵的藥，只要能達到這個目的，當然可以減少荷爾蒙的量。

但是，減少太多在服用期間可能會持續少量的出血，因而不可減少過度。

另外，荷爾蒙劑與體質不合時在服用期間也會持續少量的出血。因此，再好的藥也因人而異。請和婦產科醫師洽談，服用最適合自己的避孕藥。

不過，隨著愛滋病患者的增加，這種新型避孕藥的販賣可能尚無法入境臺灣。

157 注射一次即可避孕數個月嗎？

有些人從某些情報上得知，最近美國有所謂注射一次可避孕數個月的藥物，紛紛前來洽詢渴望一試。

這是最近新開發的方法，是在手腕上注射具有和避孕藥同樣功能的荷爾蒙劑，以達避孕效果。以往所使用的避孕藥是，利用每日少量服用含有抑止排卵作用的荷爾蒙，做爲避孕之用。

目前新開發的這個方法是，將具有抑止排卵作用的藥物綜合，起來注射在皮膚下。這時皮膚下的藥物會漸漸地擴散到體內抑止排卵，不致受孕。

避孕效果長達五～六個月。並不必像口服避孕藥一樣每天服用，方法極爲簡單。

但是，這乃是開發不久的藥。其中還有安全性的確認等各種問題。最妥當的辦法乃是暫時利用目前所盛行的數種方法來避孕。

158

胎位顛倒並不危險嗎？

一般所謂的胎位顛倒是指骨盤位，乃是相當危險的分娩。

爲何骨盤位的分娩令人恐懼，最大的原因是胎兒頭部，亦即胎兒中佔居最大份量的部位是在生產的最後關頭娩出。身體部份較爲柔軟且容易變形，在自然分娩中只要頭部出來，總可以順勢把其他部位拉出，如果頭部卡住會阻礙分娩。

同時，阻塞過久會使頭部與骨盤間的臍帶被夾住，如此無法輸送血液給嬰兒一會造成危險（參照次頁圖）。

此外，諸如破水後從子宮口跑出的「臍帶脫出」等危險的因素相當多。生產中有許多人力無法控制的事故，尤其是骨盤位分娩居多。

根據醫院的方針，最近臺灣也像美國一樣盛行剖腹生產。原則上我認爲胎位顛倒的情況基本上要剖腹生產。

正常分娩

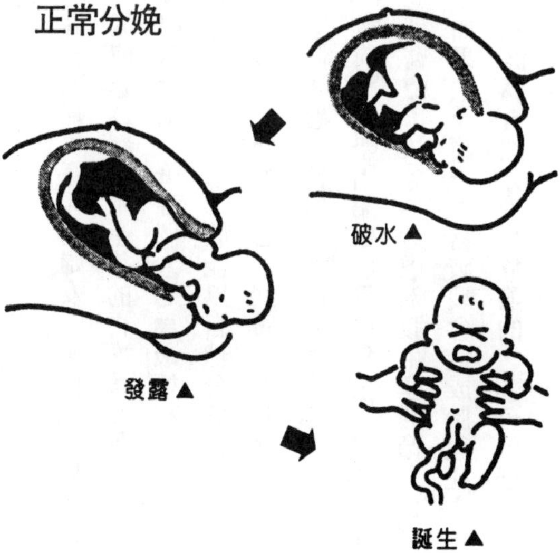

骨盤位

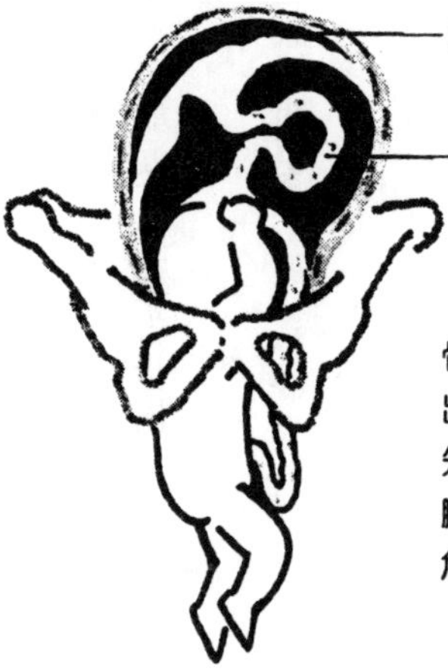

骨盤位是雙腳先分娩而出，嬰兒臍帶比頭部較先露出胎盤外，可能因臍壓迫造成胎兒夾死的危險。

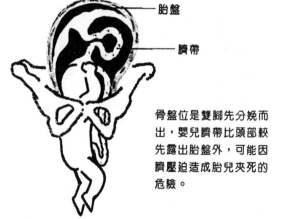

159 剖腹生產後的懷孕有危險嗎？

許多剖婦生產後的婦女，常問及剖腹生產後懷孕的問題。

從前認爲剖腹生產後的再次懷孕是在二～三年後，而最近有些報告指出，一年後甚至半年後都無所謂。筆者個人認爲最好有一年的間隔。

有一位希望第二胎能以自然分娩的女性，提出這樣的問題。

「第二次分娩也必須剖腹生產嗎？」

這個問題根據醫院的設施而有不同。

從前，大學附屬醫院等即使前次是剖腹生產，也多半會試行下次的自然分娩，然而最近考慮到醫療事故等，考慮剖腹生產的傾向偏高。

如果顧及萬一子宮破裂會造成胎兒死亡，或子宮破裂情形不當恐怕不得不摘除子宮等問題，我認爲自然分娩是危險的，不可勉强行之，建議最好做剖腹生產。

160 風疹疫苗不必擔心嗎?

據說妊娠中尤其是妊娠四週到十二週之間罹患風疹約有五〇%會出現重聽、白内障、心臟疾病等，所謂先天性風疹症候群。這是胎盤在完成之前所發生，因而從胎盤已完成的五個月之後，幾乎不會有這個現象。

在日本從昭和五十二年開始已針對風疹的問題，讓全國女中學生注射疫苗，因此，二十五～二十六歲未滿可能生育的女性中，不具有風疹抗體的人只佔五%以下。

注射這種疫苗的人尚未接獲生出障礙兒的報告，不過，理論上是有這個可能，應特別注意。同時，據說接種後兩個月左右最好不懷孕。

請留意妊娠中的風疹

161 目前已沒有曾經造成問題的MRSA治療法嗎？

「前些時候造成轟動的MRSA到底是什麼？」「住院也不會感染嗎？」有許多人詢問這類問題，在此做簡單的說明。

所謂MRSA是指梅基西林耐性黃色葡萄球菌。從前可以利用盤尼西林治療葡萄球菌，然而不久盤尼西林失去效用而開發了新的抗生物質。但是，最後又被黃色葡萄球菌打敗，於是又開發另一種新的抗生物質。在輾轉開發抗生物質與黃色葡萄球菌爭鬥而落敗的結果，對於利用主要的抗生物質也無法治療的多劑耐性黃色葡萄球菌，使用從前曾經具有效果的梅基西林抗生物質來治療，因而有前述的名稱。

但是，目前被認爲具有效果的抗生物質並非全部都能奏效，一般預測日後可能出現對此產生抗體的耐性菌。

不過，並非所有的人都會感染，只是體力較弱或長期服用各種抗生物質的人常會感染。

162 「試管嬰兒」危險嗎？

因不孕而煩惱的夫婦前來洽談問及：「我們渴望有自己的孩子，對於所謂的試管嬰兒想瞭解其中的來龍去脈。」

所謂試管嬰兒是使用試管的實驗玻璃器具，讓在其中受精的受精卵移殖到子宮或卵管，以達到懷孕的根本方法，而在實行上有不同的變換方式。

譬如，只有將卵和精子混雜後直接送回子宮的方法。

在適應上是以女性的卵管阻塞無法使精子與卵子遇合的情況最佳，如果精子或卵、卵管都無異狀卻長年不孕的人，也可以實行。

目前最嶄新的方法是，如果精子沒有使卵受精的能力，則在卵管挖洞用人工方法使其受精的「顯微受精」。

但是，並非所有的醫療設施都進行這類治療，只在部份的醫院、診所施行。費用並沒有一定的基礎，不過，不論是否懷孕，試行一次約日幣五〇～一〇〇萬圓。

163 利用AID的妊娠有無問題？

AID是非配偶兼人工受精的簡稱，這是沒有男性方面因子，亦即幾乎沒有精子的人讓陌生人的精子而且是複數混合在卵子中進行受孕實驗的方法（這時血型要配合父親）。

但是，最近因有愛滋病的問題不太受人歡迎。同時因試管嬰兒（體外受精）的開發等隨著受技術的發達，這個方法已不再施行。

另外，有一個與此類似的簡稱AIH，這是配偶之間的人工受精的簡稱，主要是男性精子較少時，夫婦間所進行的實驗。

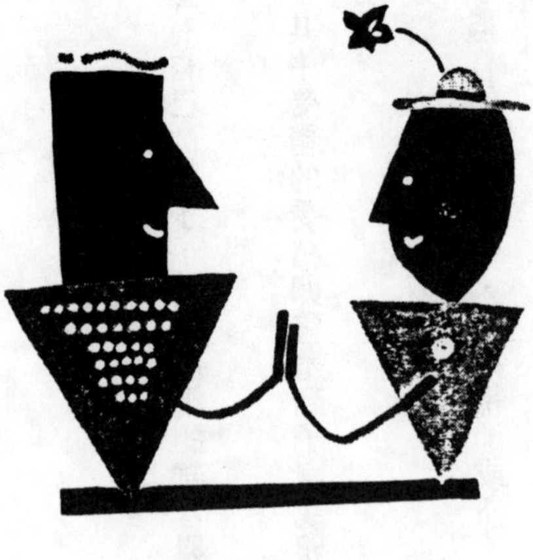

人工受精分可 AID 和 AIH

164 無法生育是否母體的原因？

以前在婦產科被診斷「子宮太小」的女性，結婚三年猶膝下無子，爲此她考慮人工受精而前來洽談。

子宮小或子宮發育不全，的確難以生育。但是，如果只是比一般小並不必擔心。倒是應該瞭解是否發育不全造成子宮較小。因爲這時的問題並不只是子宮的大小，而是其機能可能已失去正常，必須加以治療。

至於人工受精並非所有的人都立即可行。人工受精主要是無法性交或精子數較少的情況，而人工受精後也不一定就能生育兒女。

雖然不孕的原因在於男女雙方，然而必須檢查才能得知到底是那一方出問題。

因此，因不孕而煩惱的夫婦，首先應做的是一起到婦產科向醫師洽詢今後的治療法或各種檢查的計劃，再做決定。

165 不可計劃性的生男育女嗎？

「我渴望生女孩子。怎麼樣較容易生女孩子呢？」

有許多夫婦前來洽詢生男育女的問題。

有關計劃生男或生女的問題在昭和四十三年，當時國立濱松醫院院長醫師蠣崎先生寫了一本「男兒、女兒分別生育的方法」，而我也從事選擇性別生育的研究，很可惜的是礙於篇幅無法詳細介紹。

目前我所主持的SS（Sex Selection）研究會和我一同參與指導的醫師分遍在全國各地，渴望選擇性別生育的人，最好在該處受診並接受指導。

雖然只限於迴避血友病或色盲等遺傳病的情況，然而可以將男孩與女孩的精子分離，以人工受精的方法輸入所希望的性別的精子。

不過，這尚不是普遍的方法。

性別可利用絨毛檢查在第三個月即可辨別，這種檢查只有在具備特殊設施的醫院實施。

可利用超音波得知嬰兒的性別

最普遍的方法是利用超音波的性別判定。

超音波是比人的耳朵更精密，可聽見聲音的週波數較高的音波，將它按在腹上以檢查腹中的情況。

超音波會通過身體的表面碰到腹腔內的臟器或器官的表面即反射回來，然後利用映像管呈現影像，在終端機上即可看見腹中的情況。

筆者的診所只要胎內嬰兒的位置條件良好，從妊娠十四週（四個月中期）即可辨別性別。

166 知道男孩或女孩嗎？

知道懷孕而等不及生產日子的女性，曾提出這樣的問題。
「渴望在生前知道是男孩或女孩，什麼時候可以知道呢？是否也能知道血型呢？」
事實上，即將出生的嬰兒是男或女，早在受精卵的階段已經決定。換言之，精子與卵子接觸的刹那已決定了性別。
卵子的性染色體是一個X染色體，而精子有X染色體和Y染色體。X染色體的卵子和同樣是X染色體的精子受精時，變成XX染色體，如此就生育爲女孩。但是，如果精子擁有Y染色體，受精卵就變成Y染色體而生出男孩。
因此，在初期是用絨毛檢查採用染色體或DNA檢查等特殊方法，在懷孕三個月即可調查男女的性別或血型。但是，這是非常特殊的檢查，只有少數的醫療設施才有這些檢查。

167 高齡生產不必煩惱唐氏症嗎？

許多因高齡生產而擔心唐氏症的女性前來洽談。到底唐氏症是什麼？在此做簡單的說明。

所謂唐氏症是指，在人類第二十一個染色體上產生突變而生出的孩子。他們具有唐氏症特有的臉孔、身高、體重的發育較慢，IQ也較低。此外常會併發心臟畸型、消化管畸型等。

機率上是分娩二〇〇〇～六〇〇〇次中有一例，以年齡別來看，二十五～三十歲之間佔一二〇〇分之一，三十五～四十歲則佔三〇〇分之一的比率，因此，年紀越高的產婦危險性越大。以男性的年齡來看，四十五歲以上機率漸漸提高，五十五歲以上染患唐氏症的機率高出年輕人兩倍。但是，由於五十五歲的男子鮮少生兒育女，因此這個事實似乎不受到矚目。

另外，似乎有人擔心孕婦放射線照射可能成爲唐氏症的原因之一，其實目前尚無這類報告，倒是孕婦本身的部份甲狀腺疾病會提高機率。

診斷上可利用羊水檢查或絨毛檢查。

168 不知道腹中胎兒是誰的孩子？

有一名在同一天和丈夫及另一個男性發生性關係而懷孕的女性向我問起：

「如果是丈夫的孩子我想生下來，若是他人的孩子可生不得。腹中的胎兒可以知道到底是誰的孩子嗎？」

這種情況已悔之晚矣，我對這位女性感到相當遺憾的是，爲何要做出這樣的事來。

只要調查，可以百分之百地證實孩子的屬性。然而費用相當高。必須覺悟可能花約一〇〇萬日圓。

方法是採取腹中嬰兒的一部份（妊娠中自然是胎盤的一部份），做DNA的遺傳子調查。

其次調查孕婦的遺傳子及丈夫的遺傳子，再做各種的組合。如果結果可以做出從胎盤所採取的遺傳子，腹中的胎兒就是丈夫的孩子。

但是，不論做何種搭配都無法做出胎兒的遺傳子時，即表示腹中胎兒是他人之子而非丈

調查DNA可做親子鑑定

夫的孩子。

在目前這已經是一般性的檢查，然而從前只能在法國醫學等特殊的學術上進行調查。而且，屬於非常周密的調查，費用也相當高。

同時，是在妊娠中採取胎盤的一部份，並無法斷言沒有流產的可能。問題乃是如何說服自己的丈夫去調查遺傳子吧。

總而言之，這是一項必須耗費巨額及有相當覺悟的檢查。

169 DNA鑑定並非百分之百嗎?

雖然聽過「利用DNA的親子鑑定」卻有許多人並不知道是以何爲材料、用何方法做鑑定。爲供讀者參考在此做簡單的說明。

利用DNA的親子鑑定是採取稱爲DNA的細胞中核遺傳子的一部份，利用電氣泳動處理可以得到約二十條左右bar Code狀的帶子（band），這個帶子的位置因人而異，據說一致的機率只有幾億分之一，除了一卵性雙胞胎的兄弟之外，絕對不可能一致。

兒童的遺傳子只能從父母的遺傳子合成，因此，做親子鑑定時是將父親、母親、孩子的三種bar Code狀的帶子並排一起，從中調查孩子的帶子位置上是否有父親或母親的帶子。

孩子的帶子位子上即使和父親的帶子沒有一致，只要有母親的即可。相反地，即使孩子的帶子和母親的帶子不一致，只要有父親的即可。

據說根據這個方法所做親子鑑定的失誤機率只有一兆分之一。而這項鑑定所必要的檢查材料是血液、精液、毛髮等少量的體檢即可能實行。

利用 DNA 的親子鑑定

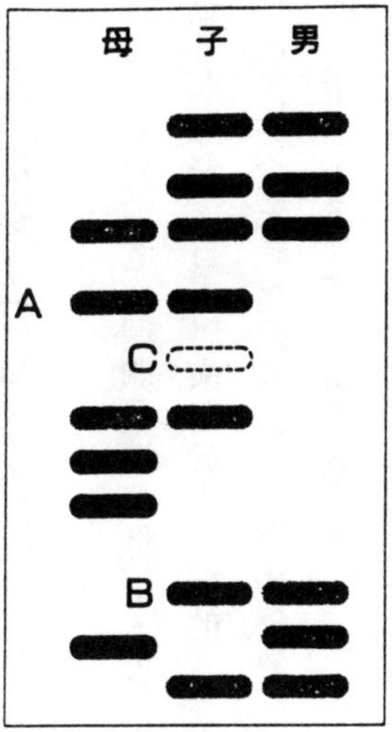

這是決定男子是否是孩子眞正父親的例子。兒童所具有的帶子必存在於父或母親一方。

A 母親和孩子的DNA的BAND一致。

B 男性和孩子的DNA的BAND一致。

C 假設孩子具有C的BAND而母親及男性中的任何一方都沒有一致的BAND時，男性並非兒童的父親。

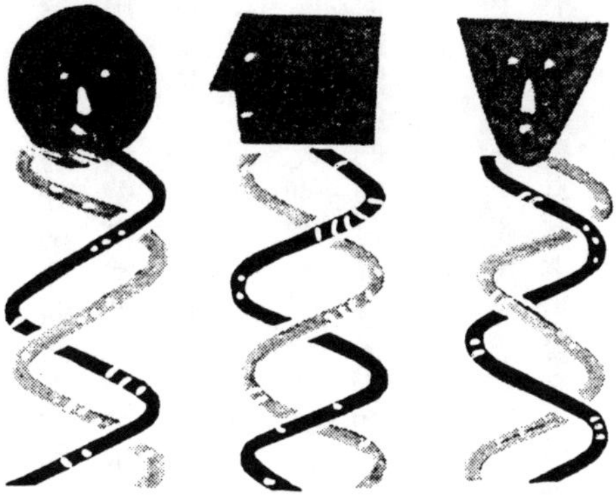

DNA 是呈雙重螺旋構造

170 沒有治療更年期障礙的決定性方法嗎?

女性隨著年齡的老化因卵巢機能低下，會使卵胞荷爾蒙的分泌減弱而影響到女性的老化，造成更年期障礙。自古以來對於更年期的女性利用各種荷爾蒙來治療，而最近卵胞荷爾蒙因對女性常見的骨質疏鬆症有促進骨骼中鈣質的沈澱，以達到骨骼形成的作用而獲得重視，在積極的使用下，達到了相當的成果。

從前據說利用女性荷爾蒙的治療會產生副作用，而不爲人使用，更年期障礙主要利用男性荷爾蒙或自律神經系的藥物來治療。的確，女性荷爾蒙的卵胞荷爾蒙多少和子宮體癌的發症率有關而遭到嫌棄，但是，最近在卵胞荷爾蒙的補充法上，併用女性荷爾蒙的黃體荷爾蒙，曾經出現閉經女性又開始來潮的副作用，但是，再次來潮的月經幾乎消除了子宮體癌的恐懼也是事實。當然，根據各人的體質，治療方法並不相同，最好和主治醫充份地溝通，使您的生活過得更爲快適。

171 蛋黃或牛奶是食物過敏症的原因？

最近似乎有些孕婦擔心遺傳性過敏症等食物過敏，而以顧慮腹中胎兒爲由不攝取牛奶或蛋類，甚至有人認爲也應限制牛肉，且付諸實行的人日益增多。其實這一點令人難以苟同。

小兒科、婦產科方面的意見對孕婦而言，最重要的乃是避免營養攝取的偏差。如果自己的兄弟或自己本身有食物過敏症，在飲食的選擇上應該僅於吃蛋類必須煮熟後才食用，牛奶沸騰後飲用的程度。同時，附帶一提的是，不僅要留意飲食也應重視生活環境。

食物過敏的原因並不只有蛋或牛奶。有可能所有的蛋白質都是肇因。各位只要想想「麵」也會造成過敏即可瞭解。而本身沒有食物過敏的人根本是庸人自擾。

172 自己無法檢查愛滋病嗎？

目前似乎仍有許多人不瞭解何謂愛滋病。誠如宣傳上所稱「瞭解愛滋病就不會得愛滋病」，對愛滋病應有正確的知識。

所謂愛滋病是指HIV（人免疫不全濾過性病毒）爲病原體的感染症。感染HIV約六～八週之後血液中會檢查出HIV抗體，因此是否感染愛滋病，必須從性交當天算起第六～八週後的血液檢查才能判斷。在保健所、醫院可接受檢查。

感染後到愛滋病發症的潛伏期間從二～三年到七～八年佔五〇%，據說在十五年以內全體都會發症。潛伏期間之後開始出現體內淋巴結腫脹、發熱持續一個月以上、體重減輕十%以上、持續倦怠感等症狀。而症狀進行之後會明顯地出現抵抗力減弱到各種細菌感染、惡性淋巴腫、卡波吉肉腫、神經障礙等。

這是一般的愛滋病。但是，最近有報告指出，在半年內即發症的急性型，愛滋病並沒有所謂的疫苗可治療，所以，最重要的乃是預防。

大展出版社有限公司　圖書目錄

地址：台北市北投區11204
致遠一路二段12巷1號
電話：(02) 8236031
8236033
傳眞：(02) 8272069
郵撥： 0166955～1

•法律專欄連載•電腦編號58

台大法學院 法律學系／策劃
法律服務社／編著

①別讓您的權利睡著了①	200元
②別讓您的權利睡著了②	200元

•秘傳占卜系列•電腦編號14

①手相術	淺野八郎著	150元
②人相術	淺野八郎著	150元
③西洋占星術	淺野八郎著	150元
④中國神奇占卜	淺野八郎著	150元
⑤夢判斷	淺野八郎著	150元
⑥前世、來世占卜	淺野八郎著	150元
⑦法國式血型學	淺野八郎著	150元
⑧靈感、符咒學	淺野八郎著	150元
⑨紙牌占卜學	淺野八郎著	150元
⑩ＥＳＰ超能力占卜	淺野八郎著	150元
⑪猶太數的秘術	淺野八郎著	150元
⑫新心理測驗	淺野八郎著	150元

•趣味心理講座•電腦編號15

①性格測驗１	探索男與女	淺野八郎著	140元
②性格測驗２	透視人心奧秘	淺野八郎著	140元
③性格測驗３	發現陌生的自己	淺野八郎著	140元
④性格測驗４	發現你的真面目	淺野八郎著	140元
⑤性格測驗５	讓你們吃驚	淺野八郎著	140元
⑥性格測驗６	洞穿心理盲點	淺野八郎著	140元
⑦性格測驗７	探索對方心理	淺野八郎著	140元
⑧性格測驗８	由吃認識自己	淺野八郎著	140元
⑨性格測驗９	戀愛知多少	淺野八郎著	140元

⑩性格測驗10	由裝扮瞭解人心	淺野八郎著	140元
⑪性格測驗11	敲開內心玄機	淺野八郎著	140元
⑫性格測驗12	透視你的未來	淺野八郎著	140元
⑬血型與你的一生		淺野八郎著	140元
⑭趣味推理遊戲		淺野八郎著	140元

・婦 幼 天 地・電腦編號 16

①八萬人減肥成果	黃靜香譯	150元
②三分鐘減肥體操	楊鴻儒譯	150元
③窈窕淑女美髮秘訣	柯素娥譯	130元
④使妳更迷人	成　玉譯	130元
⑤女性的更年期	官舒妍編譯	130元
⑥胎內育兒法	李玉瓊編譯	120元
⑦早產兒袋鼠式護理	唐岱蘭譯	200元
⑧初次懷孕與生產	婦幼天地編譯組	180元
⑨初次育兒12個月	婦幼天地編譯組	180元
⑩斷乳食與幼兒食	婦幼天地編譯組	180元
⑪培養幼兒能力與性向	婦幼天地編譯組	180元
⑫培養幼兒創造力的玩具與遊戲	婦幼天地編譯組	180元
⑬幼兒的症狀與疾病	婦幼天地編譯組	180元
⑭腿部苗條健美法	婦幼天地編譯組	150元
⑮女性腰痛別忽視	婦幼天地編譯組	150元
⑯舒展身心體操術	李玉瓊編譯	130元
⑰三分鐘臉部體操	趙薇妮著	120元
⑱生動的笑容表情術	趙薇妮著	120元
⑲心曠神怡減肥法	川津祐介著	130元
⑳內衣使妳更美麗	陳玄茹譯	130元
㉑瑜伽美姿美容	黃靜香編著	150元
㉒高雅女性裝扮學	陳珮玲譯	180元
㉓蠶糞肌膚美顏法	坂梨秀子著	160元
㉔認識妳的身體	李玉瓊譯	160元
㉕產後恢復苗條體態	居理安・芙萊喬著	200元
㉖正確護髮美容法	山崎伊久江著	180元

・青 春 天 地・電腦編號 17

①A血型與星座	柯素娥編譯	120元
②B血型與星座	柯素娥編譯	120元
③O血型與星座	柯素娥編譯	120元
④AB血型與星座	柯素娥編譯	120元

⑤青春期性教室	呂貴嵐編譯	130元
⑥事半功倍讀書法	王毅希編譯	130元
⑦難解數學破題	宋釗宜編譯	130元
⑧速算解題技巧	宋釗宜編譯	130元
⑨小論文寫作秘訣	林顯茂編譯	120元
⑪中學生野外遊戲	熊谷康編著	120元
⑫恐怖極短篇	柯素娥編譯	130元
⑬恐怖夜話	小毛驢編譯	130元
⑭恐怖幽默短篇	小毛驢編譯	120元
⑮黑色幽默短篇	小毛驢編譯	120元
⑯靈異怪談	小毛驢編譯	130元
⑰錯覺遊戲	小毛驢編譯	130元
⑱整人遊戲	小毛驢編譯	120元
⑲有趣的超常識	柯素娥編譯	130元
⑳哦！原來如此	林慶旺編譯	130元
㉑趣味競賽100種	劉名揚編譯	120元
㉒數學謎題入門	宋釗宜編譯	150元
㉓數學謎題解析	宋釗宜編譯	150元
㉔透視男女心理	林慶旺編譯	120元
㉕少女情懷的自白	李桂蘭編譯	120元
㉖由兄弟姊妹看命運	李玉瓊編譯	130元
㉗趣味的科學魔術	林慶旺編譯	150元
㉘趣味的心理實驗室	李燕玲編譯	150元
㉙愛與性心理測驗	小毛驢編譯	130元
㉚刑案推理解謎	小毛驢編譯	130元
㉛偵探常識推理	小毛驢編譯	130元
㉜偵探常識解謎	小毛驢編譯	130元
㉝偵探推理遊戲	小毛驢編譯	130元
㉞趣味的超魔術	廖玉山編著	150元
㉟趣味的珍奇發明	柯素娥編著	150元

•健 康 天 地• 電腦編號 18

①壓力的預防與治療	柯素娥編譯	130元
②超科學氣的魔力	柯素娥編譯	130元
③尿療法治病的神奇	中尾良一著	130元
④鐵證如山的尿療法奇蹟	廖玉山譯	120元
⑤一日斷食健康法	葉慈容編譯	120元
⑥胃部強健法	陳炳崑譯	120元
⑦癌症早期檢查法	廖松濤譯	130元
⑧老人痴呆症防止法	柯素娥編譯	130元

國立中央圖書館出版品預行編目資料

認識妳的身體/杉山四郎著；李玉瓊譯
—— 初版—— 臺北市；大展，民84
面；　　公分，——（婦幼天地；24）
譯自：最新の女性醫學わたしのからだ常識
ISBN 957-557-505-9（平裝）

1. 婦科 - 通俗作品

429.1　　　　　　　　　　　　　　84002655

原書名：最新の女性医学 わたしのからだ常識
原著作者：© Shiro Sugiyama 1993 Printed in Japan
原出版者：株式会社 青春出版社
版權仲介：京王文化事業有限公司

【版權所有・翻印必究】

認識妳的身體　　ISBN 957-557-505-9

原著者/杉山四郎
編譯者/李　玉　瓊
發行人/蔡　森　明
出版者/大展出版社有限公司
社　址/台北市北投區（石牌）致遠一路2段12巷1號
電　話/（02）8236031・8236033
傳　眞/（02）8272069
郵政劃撥/0166955-1
登記證/局版臺業字第2171號
法律顧問/劉　鈞　男　律師
承印者/高星企業有限公司
裝　訂/日新裝訂所
排版者/宏益電腦排版有限公司
電　話/（02）5611592
初　版/1995年（民84年）3月
定　價/160元

●本書若有破損缺頁敬請寄回本社更換●

大展好書 好書大展

大展好書 好書大展